裸妆！

宛若无物的
空气感妆容
（图例版）

· 曹静 著 ·

U0338299

中国铁道出版社
CHINA RAILWAY PUBLISHING HOUSE

图书在版编目（CIP）数据

裸妆！宛若无物的空气感妆容 / 曹静著 . -- 2 版 . --
北京 : 中国铁道出版社 , 2016.2
ISBN 978-7-113-21242-1

Ⅰ . ①裸… Ⅱ . ①曹… Ⅲ . ①女性—化妆—基本知识 Ⅳ .
① TS974.1

中国版本图书馆 CIP 数据核字 (2015) 第 311935 号

书　　　名：裸妆！宛若无物的空气感妆容（图例版）
作　　　者：曹静 著

责任编辑：郭景思
装帧设计：摩天文传
责任校对：王杰
责任印制：赵星辰

出版发行：中国铁道出版社（100054，北京市西城区右安门西街 8 号）
网　　址：http://www.tdpress.com
印　　刷：北京米开朗优威印刷有限责任公司
版　　次：2015 年 4 月第 1 版　2016 年 2 月第 2 版　2016 年 2 月第 2 次印刷
开　　本：720mm×960mm　1/16　印张：9　字数：120 千
书　　号：ISBN 978-7-113-21242-1
定　　价：39.80 元

再版前言

这是一本为"时尚女人精致生活"量身打造的精品图书，自出版上市以来，深受广大读者喜爱，也收到了来自四面八方的意见和要求。为了满足广大读者的需求，也为了让读者能够获得更多、更新和更好的资讯，以及更实用、更完整和更精致的内容，我们对原版图书做了一次全面修订，并形成以下鲜明特色：

1. 时尚女人精致生活。新版系列图书从内容、版式到装帧设计，都紧紧围绕"时尚女人精致生活"这个主题，充分体现了唯美、高贵和典雅，又保持了端庄、简约和大方，更突显了创意、天然和健康。

2. 装帧设计风格统一。新版系列图书对封面、版式和 LOGO 进行了重新设计，使图书形式整齐划一，其内容兼具引领性、实用性、观赏性和收藏性。

3. 层次分明条理清晰。新版系列图书对原版图书的框架结构进行了全面梳理，对部分章节内容的顺序进行了调整，使其条理更清晰、层次更分明，结构更合理，更加方便读者的学习和使用。

4. 剔除冗余精炼内容。新版系列图书对原版图书冗余的内容进行了删改，使其内容更精炼、表述更准确，翻开任何一页都有很实用的时尚小贴士，让读者实实在在地体验到获取知识的便捷。

5. 充实章节完善内容。新版系列图书在原版图书的基础上增加了新的章节，让新版图书的内容更加充实，新理念、新应用会更多地呈献给读者，让读者真真切切地感受到精致生活正扑面而来。

6. 内容不变新版更轻。为了让新版图书做得更轻便，适合女性读者的阅读和使用，方便大家睡前阅读、地铁阅读、旅行阅读的实际需求，我们绞尽脑汁在内容不减少的情况下，巧妙地压缩了新版图书的页码。

新版系列图书是由我们摩天文传女性时尚生活创作团队倾力打造的，团队每一位创作人员都是将目光锁定在全球最前沿、最时尚和最实用的理念和应用上，目的是让广大读者都能接受一次精致生活的洗礼。

本着对读者认真负责的态度，以及对修订工作精益求精的精神，我们对原版图书进行了细致入微的修订，由于水平所限，书中难免会出现疏漏，敬请广大读者批评指教。

前言
PREFACE

了解自己是学习裸妆的第一步

无论妆容风潮如何变更，裸妆都会拥有她的一席之地。她代表了致臻致美的追求，是一种勇敢的坦荡及率性的表达。裸妆的核心理念是保留面容最具天然美感的部分，在这个基础上再对不足之处加以修正，每一步改变都必须基于对自己的理性了解。可以说只有对自己的美有了全然的了解，才能发现最适合自己的裸妆类型。

裸妆改变彩妆观

裸妆不主张将自己"变成另外一个人"，而是"变成更好的自己"。从选择彩妆品开始，就已经进入了裸妆的游戏规则。从一瓶与肤色更相配的粉底液，到恰到好处体现红润的腮红，每一处拣选无不是基于需求而来。裸妆更像是一场彩妆革命，它否定了彩妆"必须改变"的陈旧观点，明确地宣告"美就是还原"，美是对自我的完善而并非改变。

美丽与美丽之间的千差万别

你担心自己的化妆技巧和别人一样吗？发现妆面很美却没有个性可言？但裸妆并不都是一样的，它因个人条件不同和各种针对性的技巧产生了截然不同的妆效。有的轻盈、甜美，有的率性、酷感，有的大气、成熟，有的稚嫩、灵动。而这本书正要向你展现的，便是这美丽与美丽之间的千差万别。

用心发掘裸妆之美

本书从易于学习的角度出发，从零开始，步步披露五官里完美裸妆的打造过程。从最基本的底妆到彩妆再到完成后如何补妆，每一步都是上一步的飞跃和惊喜。图文同步参照，让你抓住妆容改变前后的关窍。如果你是淡妆至上的从简派，或者是刚学习彩妆技巧的新手，这本书一定会成为你频频翻阅的心爱指南，因为它和你一样都把真实奉为美丽的真谛。

曹静 Moon.

美容畅销书作家、时尚杂志专栏作家、美妆博主

目录 CONTENTS

CHAPTER 1
裸妆宣言：我的底妆会呼吸

CHAPTER 2
裸妆宣言：打造好感轻妆电眼

CHAPTER 3
裸妆宣言：我要眉飞色舞

CHAPTER 4
裸妆宣言：给我完美气色

CHAPTER 5
裸妆宣言：爱上原色之唇

CHAPTER 6

裸妆宣言：拥有立体轮廓

CHAPTER 7

裸妆宣言：我是裸妆达人

CHAPTER 8

裸妆宣言：空气感妆容搭配实例

Chapter 1

裸妆宣言：我的底妆会呼吸

底妆有灵，会呼吸才充满生机。苍白厚重还是光润薄透？现在就对底妆的秘密来个刨根究底。粉底液、BB霜、粉饼、蜜粉，集体动员为打造轻盈底妆效力！

肌肤妆前保养大解惑

妆前不保养，再好的裸妆也无法做到百分百完美呈现。肌肤妆后出现的问题其实妆前就可以做出预防，对于妆前保养你懂得多少？

Q1: 肌肤吸收力差，不喜欢太油的护肤品怎么办？

A: 不能适应"油"就选择"胶"

妆后会面临干燥的人可能会求助油性很重的护肤品，同时也可能会遇到长脂肪粒、过敏的麻烦。实际上如果妆后的肌肤已经感到发痒，又不能适应油质，可以选择胶质的乳液或者霜。胶质使水分不易散失，又有比较好的成膜性，可以满足怕油的保湿需求。

Q2: 即使用了最保湿的粉底型号也觉得干怎么办？

A: 极度干燥时可考虑升级粉底

仅仅用现阶段的粉底都不能满足保湿需求时，你需要升级你的产品，升级到含有丝胺酸、神经酰胺、乳糖酸等更为高级的保湿成分，它们有助于细胞再生，是当下最热门的保湿成分，添加到粉底里头能显著提升保湿性能。

Q3: 怎么保湿都觉得很干，化妆脱妆怎么办？

A: 是时候为自己选一瓶晚霜

保湿晚霜拥有舒缓和强化保湿肌肤的功效，只有这样才能弥补白天干渴的肌肤。如果你觉得白天所用的日霜已经足够滋润了，但是仍然无力阻止干燥，可以考虑增加一瓶晚霜。经验证明，护肤程序中增加一道晚霜，能大大缓解白天的干燥。

Q4: 粉底不贴妆怎么做才能在两三天内改善？

A: 难以贴合粉底的肌肤应该多用面膜做急诊，每周用面膜的次数可以增加到三次，使用面膜之后肌肤的吸收力自然会提升。

Q_5: 为什么在妆前使用矿泉喷雾，妆后觉得非常干燥？

A: 喷雾，特别是矿泉喷雾内含的矿物质成分会有收干效果，会反吸皮肤的水分，你会感觉越喷脸越干。一瓶接一瓶的戒不了的喷雾，不如选一瓶能真正锁住水分的乳液。

Q_6: 皮肤脆弱不能用磨砂膏的话怎么去角质？

A: 市面上一些品牌的做法是将有效成分添至洗面产品，使得去角质产品变得可以每天使用，不需要像磨砂产品一样斟酌次数。使用去角质洗颜产品时，你需要使用比平时多一倍的水，充分起泡，切记干洗。去完角质后记住给皮肤补充最类似皮肤油脂的成分，例如甘油、玻尿酸、神经酰胺等。

Q_7: 化妆前怎么涂防晒霜？

A: 涂抹高倍防晒品之前，最好先用隔离乳打底，减少高倍数防晒品稍厚重的粉感对皮肤的负担。以拍打的方式上防晒品，尤其是物理防晒品将会得到更有效的发挥，紧接着再继续用粉底液等底妆产品。

Q_8: 油性肌肤在化妆前还需要润肤吗？

A: 肌肤护理怠慢不得，往往是油性肌肤在冬天的护理稍有松懈，干纹和粗糙就会造访脸蛋，甚至成为永久性的住客！肌肤都有记忆性，尤其是对缺水纹和干纹的记忆，久而久之的影响累积下来，就会变成永久性的皱纹。在冬天油性肌肤还是要润肤，可以选择水润质感稍强一些的产品。使用无油质感的啫喱、凝露、精华等，保障持久保湿锁水。

Q_9: 妆前冰敷眼睛可以去除黑眼圈吗？

A: 冰敷眼睛虽然能一时解除眼部疲劳，但是对黑眼圈并不好。冰冷会使微血管破裂，血管收缩，冷敷会使皮下淤积血液和水分都加剧滞留。对黑眼圈来说，正确的做法是促循环的温敷永远比冰敷要好。用蒸汽熏眼或者使用市面上的蒸汽型眼罩对黑眼圈也有帮助。

打造完美裸妆的四类底妆品

为了完美裸妆我们需要准备什么？为了应对不同场合和肤况变化的需求，至少需要准备四类底妆产品才能综合解决各类底妆需求。

饰底乳

每天化妆，很容易导致皮肤晦暗，滋生暗疮，在化妆前使用饰底乳就是为了给皮肤提供一个清洁温和的环境，形成一道抵御外界侵袭的防护墙。

饰底乳颜色怎么选

颜色	所针对的肤色问题
紫色	专门改善黯黄肤色，缺点是如果搭配过白的粉底，反而会让脸色更显惨白
绿色	纠正过红皮肤，例如红血丝、晒伤后期泛红、过敏、痘痘等。绿色饰底乳最好局部使用
香蕉色	专门针对东方人黄皮肤，对黑毛孔效果较好
粉色	适合偏白、偏黑皮肤，能有效改善皮肤无血色、暗沉等问题

随堂 Q&A

Q： "为什么使用饰底乳常常会出现搓泥现象？"

A：饰底乳前后叠加了保湿凝胶或精华液等含高分子胶及水溶性增稠剂的产品，两者接触产生盐类，即是我们肉眼所看到的白色屑屑。只需要调整一下用量，搓泥现象就不再发生了。

BB 霜

BB 霜是 Blemish Balm 的简称，是皮肤科医生针对术后及受损皮肤得到保护和修护而研发的再生霜，能够及时的改善和弥补皮肤的缺陷，保养、遮瑕、隔离、润色、修饰五大功能集于一身。

多种妆效 BB 霜一手担当

1. 如果你只想要一个淡妆
   清洁皮肤 ▶ 用化妆水 ▶ BB 霜 ▶ 蜜粉 ▶ 腮红睫毛膏 ▶ 完成
2. 如果你只想要皮肤变白皙一点
   用化妆水 ▶ BB 霜 ▶ 蜜粉 ▶ 完成
3. 如果你想当日霜使用
   用化妆水 ▶ BB 霜 ▶ 完成

随堂 Q&A

Q： "敏感肌肤或痘痘肌肤能用 BB 霜吗？"

A：BB 霜的前身是医学美容品，适合问题皮肤使用。BB 霜能镇静皮肤，涂抹后你会发现红肿变轻，红血丝也没那么明显；BB 霜不会刺激皮肤出油，对破口甚至是渗血的恶性痘痘都可遮盖。

粉底液

每寸肌肤都渴望舒爽薄透，一瓶粉底液是肌肤底妆最常规的选择。粉底液比粉饼更能渗透进每一处毛孔，又轻透舒适，接近乳液柔滑细腻的使用感受。

选购粉底必胜法则

粉底可以分为很多种类，不同的肤质应选用不同的粉底，例如：

1. Tinted Face Balm 隔离粉底霜——中度遮瑕，有助提供补湿功效，为妆容带来水润效果。

2. Stick Foundation 粉底膏——适合所有肤质 (油性肌肤除外)，提供中至高度的遮瑕效果，拍照时使用最佳。

3. Liquid Foundation 粉底霜——适合干性至极干性皮肤，提供补湿及发挥中度至高度遮瑕的效果。

4. Oil-Free Liquid Foundation 无油粉底液—— 适合油性皮肤全年使用和混合性皮肤于夏季使用，有效吸走多余油脂。

随堂 Q&A

Q："如果用海绵扑来打底，什么样海绵扑吃粉比较少？"

A：用 NBR 合成橡胶或聚亚安酯为原材料做成的海绵更能加强粉底的延展力，孔洞越细密、弹性越好的海绵扑越适合用来化薄而均匀的妆。

蜜粉

现今的蜜粉已经各具多种多样的功能，多彩蜜粉、控油蜜粉、高光蜜粉……它们的出现，正是为了解决化妆后的各种问题。

两个粉扑定妆更自然

先用一个蓬松的粉扑，沾取足量蜜粉后揉匀，从额头开始把蜜粉拍到脸上，之后再用一个干净的粉扑再次按压脸部，吸去多余蜜粉，让底妆彻底融进肌肤里。

黄色基调的蜜粉比透明色更能增加皮肤光泽

不要以为透明蜜粉能制造透明效果，透明蜜粉制造的色泽是苍白的，黄色基调的蜜粉才能增加肤色的光泽。如果你的皮肤天生比较暗黄，应该选择紫色基调的蜜粉。

不需要全脸定妆

把全脸无一区别地扫上蜜粉反而让五官变平板，从而减弱了蜜粉应有的效果。要注意的是，干性或混合性皮肤只要在 T 区扫上蜜粉即可，眼部的粉也要略薄一些。

随堂 Q&A

Q："敏感皮肤怎么用蜜粉？"

A：上妆时，蜜粉刷要与肌肤倾斜 45 度角，触感更加温和。为了避免皮肤在上蜜粉时出现泛红的迹象，可以在上粉底液后 10 分钟让肌肤状态稳定下来后再上粉。

粉底液打造两种透明度

　　粉底液是神奇的底妆魔力药剂,不同的用法能产生截然不同的妆效。在裸妆盛行的时代,根据肌肤状态有选择地使用粉底液,不要把粉底液变成掩盖肌肤原生美感的鸡肋。

透明度 30% 的用法

要诀: 只遮盖瑕疵出现处,肤质尚好处不需饰底

▲ 显眼的瑕疵得以修饰,肌肤完美之处被悉心放大。这种底妆技巧适合肌肤瑕疵较集中的情况。

1 易出现横纹的 T 区不宜用太重的粉体遮盖,用少量粉底液横向推开。

2 粉刺集中的鼻梁需在最凸出处用浅色粉底液提亮,接着向鼻梁侧面推开。

3 眼底易出现眼袋纹路,因此粉底用量也要少而多次地叠加。

4 遮盖眼周后,刷子余粉用来修饰法令纹,在法令纹的凸面上推匀。

5 用来修饰唇周和下巴的粉底液不要太多,保留肤色更显得下巴细长立体。

6 可使用气垫型粉底定妆,将未遮盖的地方提亮,让底妆变得均匀自然。

透明度 80% 的用法

要诀: 小刷头工具遮瑕，只针对凹区及瑕疵区饰底

完全看不出遮瑕的痕迹，肤质细嫩宛如天生！这种底妆技巧适合肤质非常好，只在疲劳时出现问题的情况。

1 选择小号扁头化妆刷，取少量粉底液沿着眼周下半圆画一道弧线，接着用指腹拍开遮瑕。

2 上眼睑眼尾处画一道斜线，用指腹拍开，修饰东方人常见的眼尾凹区。

3 两颊轻微的毛孔粗大状况，用粉底刷取少量粉底液轻轻拍搵即可。

4 有粉刺或红敏现象的鼻翼缝隙，也用小刷头工具遮瑕，接着用指腹拍开过渡。

5 唇周黯沉的话，用少量粉底液轻点黯沉的位置。

6 用浅粉色蜜粉清扫曾经用过粉底液的地方，使其呈现和真实肌肤最接近的雾面质感。

BB 霜的专属用法

　　BB 霜是一种润色颗粒比普通粉底液更为密集的底妆产品，贴肤性比较强，因此适合手指上妆。尤其是在时间紧迫的情况下，一层 BB 霜能轻松达到多层叠搭的饰底效果。

Before

　　出油、疲劳、面部骨骼天生存在的凹区，令肌肤出现黯沉。

After

　　亮起来的肌肤即使不施重彩，也能散发出动人活力。

▲ 肤色一经调整均匀，就能使脸部流动着柔和的光泽，散发年轻美感。

◀ Point:BB 霜用于底妆的使用要诀 ▶

　　以同一程度的白皙效果为目标，BB 霜的使用量只有普通粉底液的 1/3，因为 BB 霜是一种专门用于调控肤色的底妆产品，在它之前是不需要使用有色隔离乳或其他润色产品的。为了加强 BB 霜的延展性，建议考虑之前使用具有保湿性的柔滑乳液或面霜，更便于快速打底。

利用 BB 霜打造底妆

1 在脸上涂一层质地柔滑的饰底乳，填平毛孔并有助BB霜延展。

2 在眼底凹区、眼尾凹区、下巴凹区及其他属于凹区的地方各点涂适量BB霜。

3 修饰眼底需用指腹从眼头至眼尾轻轻拍开，通过拍的动作调控BB霜的厚度，黯沉区可多加保留。

4 上眼睑的褶皱容易卡粉因此不要用太多的BB霜来遮盖，用少量润色即可。

5 修饰眼周后，指腹上剩余的BB霜用来遮盖法令纹，从鼻翼轻拍至嘴角。

6 从下巴凹区开始向两边拍开BB霜，注意下巴中央保留比较多的粉体，这里属于高光区。

7 别忘记肤色衔接不上的发际线位置，要用少量BB霜轻拍调均。

8 BB霜一般都具有出色的调控肤色的能力，蜜粉定妆只需少量即可，不要压过厚的干粉。

粉饼创造细致底妆

在 BB 霜未出现以前，粉饼是最多人使用的底妆产品。由于它具备干湿两用性，所以更便于不同肤质选择适合上妆方式。无论是干用的控油，还是湿用的润泽，粉饼都是创造自然裸妆的必胜神器。

粉底打得太厚，让肤质反而"失真"。

一层薄粉，不矫枉过正，还原肌肤真实美感。

▲ 清透自然的肌肤仿佛能察觉毛孔的呼吸，倍润舒爽的底妆最能赢得赞美。

◀ Point: 粉饼用于底妆的使用要诀 ▶

粉饼的粉体对肤质滋润度要求很高，如果皮肤干燥，粉饼较容易脱妆和斑驳。使用粉饼，无论干湿用法都要注意妆前的滋润，尤其是不能缺乏油脂性产品的"铺垫"。纵观肤质差异，油性肌肤是最适合使用粉饼来饰底的，因为每粒粉体都能吸附油份，能有效减少油光现象。

利用粉饼打造底妆

1 先借助棉片用保湿型化妆水清洁肌肤，带走多余老化角质。

2 将化妆水或者定妆水喷在化妆海绵表面，约 30%~40% 的湿润程度。

3 取干粉后从鼻梁两侧的两颊开始，轻压遮盖毛孔粗大的区域。

4 针对鼻翼缝隙，将化妆海绵拗成 U 形，确保死角也能被修饰到。

5 容易出现黯沉的鼻梁侧面及眼头凹区，也可以用同样的方法轻摁提亮肤色。

6 等化妆海绵上的粉体剩余不多时，再处理皮肤较薄的眼周，以确保粉底轻薄。

7 使用化妆海绵未湿润的一面，取干粉定妆，视各人面部出油状况不同轻压易出油位置。

8 最后使用定妆喷雾定妆，确保妆效持久。

蜜粉打造两种梦幻妆效

欧美系裸妆多崇尚柔致优雅的亚光妆面，而日韩系裸妆更倾向柔亮甜美的微光妆效，无论喜欢哪一种，轻松驾驭这两种妆效的秘密关窍就是一盒蜜粉。

亚光妆效

▲ 亚光妆效突出气质的优雅，更适合为成熟大气的装扮加分。

Point 1

控制妆面的光感不要太强，蜜粉只需用在容易出油的地方，例如额部。

Point 2

要使妆效自然，不要用密度小的海绵用力压粉，而是需用毛量蓬松的粉扑轻拍定妆。

Point 3

定妆后用扇形刷快速拂扫，以拂去多余的蜜粉，突出肤质透明感。

◀ Point: 只在易出油的位置定妆 ▶

面部的反光多半是出油造成的，先了解面部的出油区，在定妆时提前预防，能保持妆面整日清爽。

微光妆效

Point 1

用小号化妆刷取珠光型蜜粉，点在苹果肌正上方的高光位置，突出微笑光泽。

Point 2

眼白需要呼应才能显得澈净，用同样的珠光蜜粉点在眼尾上方的眼睑上，但是晕染范围不宜过大。

Point 3

下唇丰满处是最能体现女人味的地方，加一点珠光突出莹亮感。

微微柔亮的光泽是脸上熠动的星光，将甜美的感觉全情释放。

◀ **Point: 蜜粉不止定妆一个功能** ▶

　　提亮粉对日常妆面而言可能有点夸张，用珠光型蜜粉来替代就最适合不过了，别忘了它的光泽最低调自然。

会呼吸的日夜裸妆

日夜都用一种裸妆？你是否看起来既没有日间的活力，也失去了夜间的优雅？日夜有别，裸妆也是一样。根据日夜光线的差异，定制属于自己的妆感吧。

适合日间的裸妆

1 先在易出油或毛孔粗大的区域用妆前乳抑制油脂，平滑毛孔。

2 选择妆感轻薄的气垫CC霜，从脸颊中间向外侧呈放射状推开。

3 法令纹和唇周要用少量粉底遮盖，不要用过厚的粉底。

在日光下呈现清爽肌感的减龄裸妆，无论是休闲还是正式场合都能完美应对。

4 等粉扑上的粉体所剩不多时用来修饰皮肤较薄的眼周。

5 用最后的粉体从内侧往发际边缘推，使面部底色和发际线全无色差。

6 日间裸妆需要清透妆感，用蜜粉只在易出油的地方定妆即可。

014

适合夜间的裸妆

1 使用保湿喷雾将化妆海绵的一面打湿，能达到 30%~40% 湿润即可。

2 用指腹将海绵拗成 U 形，轻推粉饼表面，取适量粉体。

3 从面部最凹并且最黯沉的区域开始，由凹暗区向凸亮区过渡，通过此法促进肤色均衡。

在昏暗光线中依旧白皙动人的夜间裸妆，呈现的是无可挑剔的肌肤质感。

4 将凸区的粉体向发际线边缘推开，帮助粉体从中间向外侧由厚至薄分布。

5 容易产生干纹的地方，例如眼周和唇周都要用按压的方式打底。

6 使用自然色蜜粉定妆，轻拍脸颊的各处凹区，使肤质更显平滑柔和。

六种脸型的底妆秘诀

只用一种色号完成底妆？那么你的妆面只能是一个平面。立体妆面其实需要两种色号"出谋划策"，你懂得根据自己的脸型，并让两瓶深浅不同的粉底各司其职、优化脸型吗？

圆形脸 将圆形脸修饰出立体感的底妆方法

浅色粉底区：额部、法令纹
深色粉底区：颧骨外侧、嘴角外侧

法令纹

两颊丰腴会突显出法令纹的深度，所以通过提亮法令纹平衡颊部，同时消除显老的笑纹。

额部

圆脸一般中段较胖，可通过提亮额部使上庭的宽度拉宽，转移对脸颊中间的注意力。

嘴角外侧

要令下巴看起来像V字形，将底妆直接打在边缘的作用不大，可以打两道深色粉底在嘴角和边缘中间点的位置，加深这两处能明显减少腮部和两颊的丰腴度。

颧骨外侧

给整个脸部的外廓都打暗会非常不自然。建议打暗颧骨外侧，也就是双耳耳垂对应的位置，同时注意不要和嘴角暗区的深色粉底连在一起，避免形成尴尬的"络腮胡"。

◀ 圆形脸底妆一句话总结 ▶

要将脸型修小，千万不要将所有的阴影加深区都连在一起，否则会显得非常不自然，并且脸上会出现脏兮兮的感觉。

椭圆形脸 将椭圆形脸修出时髦立体感的底妆方法

浅色粉底区：额部、法令纹、下巴

深色粉底区：太阳穴、颧骨外侧、嘴角外侧

额部

椭圆形脸总给人过于忠厚老实的感觉，提亮位于脸部中轴线上的凸出区域，能让脸型的风格整体趋向现代感。

太阳穴

椭圆形脸左右两颊的线条都长且圆润，没有棱角感所以显得老成。要突出棱角可从太阳穴区域着手，打暗太阳穴的上方，塑造"<"、">"两条阴影带能显著瘦脸。

颧骨外侧

两颊非常丰腴圆润的话，深色粉底打造的阴影带可以加宽；如果两颊并不算非常丰腴，用深色粉底画两道细线即可，注意弧形的阴影带一定要和浅色的地方过渡均匀。

法令纹

法令纹属于八字纹，在圆形和椭圆形脸型上最为非常明显，是底妆必须重点遮盖的一种纹路。

嘴角外侧

要打破椭圆形脸的圆润感，下巴的线条一定要显著突出，打暗嘴角后加上提亮下巴，皮肤不仅显得更紧致，也能让笑容更加好看。

下巴

与额头的高光区对应，从竖向提升五官的立体感，加上嘴角的阴影带加强后，提亮下巴可以让脸型看起来更加年轻。

◀ **椭圆形脸底妆一句话总结** ▶

不要用厚且深色的粉底把整个两颊都打暗，只要将面部"修"出棱角感，脸型自然显瘦。

正三角形脸 将三角形脸修出紧致小巧感的底妆方法

浅色粉底区：额部、太阳穴、鼻梁、法令纹、下巴
深色粉底区：咀嚼肌（腮角）

鼻梁

提亮鼻梁，并加强眉心三角区，加强鼻梁向上方的延伸感，从而拓宽上庭和中庭的宽度，转移对饱满下庭的注意力。

法令纹

腮颊饱满的脸型容易显得老态松弛，稍稍发胖便会显得肥肿。对法令纹一定要注意提亮，不要让唇周变成阴影区，从而使腮部更显肥胖。

下巴

两边咀嚼肌打暗之后，需更突出下巴的高度，配合提亮了的前额和鼻梁，让骨感带动气场显著提升。

额部

正三角形脸上窄下宽，可以通过提亮前额并将宽度延伸至额角，加宽偏窄的上庭区域，从而延展眉宇，让双眼告别内聚的尴尬。

太阳穴

太阳穴是重点提亮区，以双 C 的样子各在眼尾画线，使太阳穴看起来饱满膨亮。此处除了用浅色粉底外，还可以用高光粉加强饱满度。

咀嚼肌

咬合上下牙齿，腮边隆起的位置就是咀嚼肌。用深色粉底液按照两个相对的 C 字形打暗，注意两端收窄过渡自然。

◀ 正三角形脸型底妆一句话总结 ▶

丰腴的下庭不要全部打暗，只打暗下垂明显的位置，对于骨骼突出处可以留白更显自然。

倒三角形脸 将倒三角形脸修出纤巧感的底妆方法

鼻梁

倒三角形脸最忌讳鼻部单薄、短小，在鼻梁中间提亮加宽，壮实鼻部骨感，能让脸型更显立体。

法令纹

三角形脸上宽下尖，尤其是唇鼻区通常是凹区，肤色也比较深，更加重脸部下半部分的瘦削感。提亮法令纹要呈三角形打底，加强这里的肌肉厚度，使脸部肌肉看上去更加匀称、膨亮。

下巴

丰盈下巴，加大下庭比重，用浅色粉底突出这里，下巴上扬后脸型更显得俏丽纤巧。

额部

由于额部本身就是面部易显黯沉之处，打暗的时候不要尝试大面积，只需要打暗骨骼比较外凸的位置即可，例如前额中间还有左右两边的额角。

太阳穴

单独打暗太阳穴会显得病态，眼睛也会马上有疲态。一定要连同眉骨外延展区域和颧骨一起打暗，才能有效收窄上中庭宽度。

◀ **倒三角形脸型底妆一句话总结** ▶

打亮暗区和凹区时可以大胆一些，肌肤膨亮可以弥补骨感不足的缺陷。

方形脸　将方形脸修出柔和感的底妆方法

浅色粉底区：额部、鼻梁、眼底、下巴
深色粉底区：颧骨外侧、咀嚼肌（腮角）

鼻梁

鼻梁越塌会更显得脸型方正，加上外围骨感突出也是方形脸最突出的特点。提亮鼻梁，可以弱化外围的外凸线条。

眼底

若脸型方正，但苹果肌圆润可爱的话可以减少刻板的感觉。提亮苹果肌要打亮眼底凹区，最好呈横向打亮，让苹果肌有延伸饱满感，笑肌充满弹性，以可爱笑容化解线条的刚硬。

下巴

下巴有圆形凸起的肌肉就像活泼的孩童，让Baby face抢救刚硬面孔，最好用浅色粉底在下巴下端画一个小的椭圆，显得俏皮可爱。

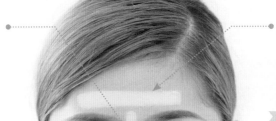

额部

前额做出窄横条高光带，高光带的长度大约在两边眉毛的眉峰之间，将眉宇上方打亮，从而减少方形脸的刻板感。

颧骨外侧

直接把深色粉底液盖在颧骨上不仅显得脏，而且不能很好地修窄这里。最好打暗颧骨外侧，也就是光线从正前方照过来时在颧骨后侧形成的阴影区，想象这个区域在哪里，就把深色粉底用在哪里。

咀嚼肌

在棱角最突出的咀嚼肌用深色粉底打暗，注意不要和发际线和下巴的线条连贯在一起，避免修容痕迹过重。

◀ 方形脸型底妆一句话总结 ▶

方形脸最遗憾的地方不是突出的棱角，而是棱角令面容变得不柔和，只要提亮不够柔和之处，能很大程度改善脸型问题。

多棱角脸　将多棱角脸修出匀致感的底妆方法

浅色粉底区：额部下端、鼻梁、眼底、法令纹、下巴
深色粉底区：额部上端、颧骨外侧、咀嚼肌（腮角）

额部上端

额头高处如果有突出的骨骼一定要打暗或者用刘海遮盖，否则会显得刻薄好斗，也是面相中最需要修饰的一个重点。

鼻梁

提亮鼻梁有效平衡多处骨感突出处，如果遇到鼻梁歪斜的情况一定要通过修容调整居中，因为歪鼻梁对脸型的"破坏力"最大。

法令纹

提亮法令纹时要打亮中段，然后通过手指或者工具的推匀，将粉体的遮瑕力带到鼻翼缝隙及嘴角，确保没有暗区死角。

下巴

棱角多的面部要注意构筑可爱之处，将本来瘦削的下巴通过提亮变成圆下巴，能化解多棱角带来的冷漠感。

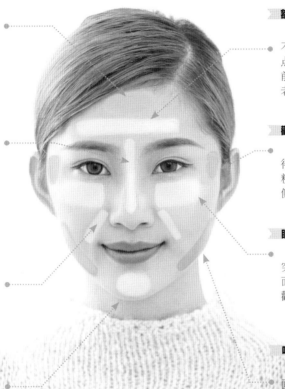

额部下端

眉骨外凸显得人桀骜不驯，可以将两边眉骨凸点之间的凹槽提亮，填平前额"深沟"，一举扫除老态。

颧骨外侧

颧骨外侧都打暗会显得双眼无光，用少量深色粉底点到为止，在颧骨外侧推开，消除颧骨外凸。

眼底

多棱角脸的颧骨比较突出而且多呈尖形，提亮面积一定要比颧骨大，让颧骨的肌肉变得饱满。

咀嚼肌

修饰咀嚼肌不能直接画两条生硬斜线，深色粉底要呈弧形推开，才能显得自然融合。

◀ 多棱角脸型底妆一句话总结 ▶

外围打暗要慎重，切忌大面积打暗，有时候减少面部中间肌肉的凹凸落差对多棱角脸型的意义更大。

Chapter 2

裸妆宣言：打造好感轻妆电眼

眼妆不必浓墨重彩才能产生电力，轻妆电眼一样可以激活魅力磁场。掌握配色用色技巧，让双眸清朗动人，甩掉浓妆负累！眼线、眼影、睫毛，让每个细节都成为好感发生的地方。

新手也能打造流畅眼线

要打造流畅的眼线不仅考验技巧的熟练程度，还与妆前调理、眼线妆品选择有很大关系。新手绝对不是向眼线"缴械投降"的理由！只要做到下面六点，打造大师级流畅眼线轻而易举。

Step 1: 为眼线铺设平滑易着色的"底板"

如果将化眼线比作在眼皮上画出线条，线条是否流畅和"底板"是否平滑有着莫大关联。干燥的皮肤不易画出流畅线条，对着色而言也有难度，因此要注意眼部皮肤的保湿及饰底。

对非极干性皮肤而言，化妆前不建议用眼霜，多余油脂会很快令眼线晕染，用具有控油及滋润作用的眼部底膏或隔离乳打底即可。另外画之前在眼皮轻压一点干粉也有助眼线产品的着色。

随堂 Q&A ▶

Q: 油性皮肤易出油，眼线易晕开怎么办？

A: 在眼皮先使用控油精华乳再用保湿型粉底液饰底，不要过度控油，否则容易在妆后出现干纹。

Step 2: 选择适合自己肤质的眼线妆品

不谈妆效及风格，但从肤质匹配度而言，眼线笔适合大多数肤质，除了易流泪及易出油的眼部情况；眼线液笔适合干性肌肤，借助水性的渗透力快速着色；眼线膏能抗油防水，针对油性肤质而言更持久显色。由于化妆品科技日新月异的革新，三种类型的眼线妆品差异越来越小，因此最好都能尝试一下才能找到最适合自己的。

随堂 Q&A ▶

Q: 眼线膏适合初学者吗？

A: 只要常练习，眼线笔、眼线液和眼线膏都不存在难度的差异，常常被认为是专业彩妆师更爱用的眼线膏实际上更容易达到流畅平滑的效果。

Step 3: 根据自身的掌控能力选择笔触软硬度

为什么每支眼线笔的笔芯软硬不同？眼线液的笔头有海绵和纤维之分？就连眼线膏的专用刷毛也有好几种硬度？没错，这些软硬不同的材质正是为不同使用者而准备的。

硬度较高的笔触适合初学者和偏好快速化妆的人群，容易一笔达成，减少失误；软度较高的笔触适合化妆风格比较精细、指尖控制力好的人群，能打造精致细腻的妆面。

Q: 睫毛粗硬不容易填画根部，用什么眼线产品更好？

A: 此时应该选择笔触偏硬的眼线笔或者眼线液，可以在画睫毛根部时完全化解睫毛的干扰。而睫毛细软的普通人就不需要特别注意。

Step 4: 显露眼线位置的正确做法

要画内眼线必须学会如何固定眼皮，显露睫毛根部。把眼皮提拉太高或让眼球曝露在空气中太多，反而会增加泪腺的敏感程度，一点点刺激就会泛泪。正确的做法是手指轻轻提拉眼皮，固定好睫毛根部的皮肤即可。

Q: 画眼线易流泪怎么办？

A: 画眼线的时候眼睛会误以为是异物，就会分泌泪液来排出异物。有这种困扰的话画眼线前可以先滴几滴眼药水，降低眼睛的敏感程度可缓解流泪。

Step 5: 在对的条件下化眼线

眼线被视为整个眼妆的框架，因此化的时候一定要最精准到位。首先需确保光线充足，帮助自己判断眼线的浓度；其次是化妆者的视角必须垂直镜面，这样可以确保眼线的宽度准确，不要俯视镜面化妆。

Q: 为什么画眼线容易一边长一边短？

A: 不要在镜子前判断长度是否对称，用面部的五官来对照，例如眉尾或者嘴角的延长线。

Step 6: 用正确的方式加强练习

在纸上用眼线刷画直线、垂线和末端勾起的线条对驾驭眼线很有帮助，实战的时候建议多练习站姿化妆，尤其能锻炼手臂的支撑力和稳定性。习惯将手肘支撑在桌面上才能画出精准线条的话，不容易在以后变通。

Q: 画眼线的时候控制不住手抖怎么办？

A: 握笔的时候靠前一些抓握能增加笔触的稳定性，尾指和无名指也可以轻轻靠在脸颊上作为支撑。

平滑流畅的自然眼线

晨起眼肿？劳累导致眼周松弛？熬夜加班双眼无神？只要学会一款精致到位的眼线足以让你神采飞扬一整天。眼线的作用是调整眼型，并利用深色加强瞳孔色度，明采双眼完全可以一笔完成。

Before

没有眼线修饰，瞳孔漆黑却无神。

After

眼线登场，瞳孔和眼白在黑色眼线对比下绽放活力。

▲ 净透的珠光白妆容，打造出陶瓷般的美好肌肤，柔和简单的眼线和眼影，让眼妆变得更加轻柔自然，搭配淡粉色的唇膏，整体妆容更是柔美。

◀ **Point: 让眼线自然流畅的小秘招** ▶

使用专业的眼部打底膏或者保湿性强的粉底液有助眼线笔的膏体在眼皮上延展。油性眼皮不容易上色要事先控油，先用一层裸色或米色眼影粉再画眼线，也能有助线条流畅。

打造平滑自然的流畅效果

1 要使眼线笔能画出流畅的线条，必须先用柔滑的蜜粉填平眼皮细纹和吸附油脂，因此先用化妆海绵轻压一点蜜粉。

2 画眼线时应避免画在外侧，从裸妆角度出发，应从内侧轻轻画上眼线。

3 填平睫毛根部时，笔触不宜太重，避免眼线画得太粗，不方便多次补色达到均匀流畅的效果。

4 笔触从下往上竖拿上色，确保睫毛根部都是从内侧被填满的。

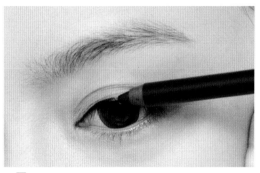

5 外眼线从瞳孔正上方的位置开始画起，内外眼线应重叠在一起。

6 眼型不够圆的话可以在瞳孔正上方略微加粗，并向眼尾逐渐收细。

7 延长眼尾时眼睛最好半闭，确保眼线从眼头位置开始至末端都是流畅的一条弧线。

8 画眼尾时比照眉毛的长度，一般而言延长长度不能超过眉尾，轻抬笔触，淡出收尾即可完成。

精致隐秘的内眼线

隐藏指数 100% 的内眼线不仅适合眼睛已经很大，仅需要细眼线的眼型，还适合双眼皮褶宽度较大的眼型，恰到好处地亮彩双眼。

Before

过宽的双眼皮褶容易显得无神，眼神仿佛黯淡下来。

After

眼线登场之后消除了宽双眼皮褶的疲惫感，一点点改变就能焕然不同。

▲ 并不抢眼的内眼线让人放下防备，配合绝佳肤质，呈现的是清新亲切的妆容效果。

◀ Point: 控制好眼线液色彩浓度的小秘招 ▶

手持海绵笔头的眼线液时，笔头朝上，液体不会大量朝笔头流淌，较容易控制色彩浓度。尤其是需要画颜色较浅、线条较细的下眼线时，可以先在纸巾上画几笔，让笔头吸收的液体变少时再画，效果更容易达成。

打造精致无暇的隐妆效果

1 画内眼线需选择防水眼线液笔，轻提上眼皮令眼裂位置露出，用尖笔触由下往上加强眼裂。

2 轻提眼皮正上方的位置露出睫毛根部，以点或者小段的画法填满睫毛根部。

3 轻提眼尾皮肤，睫毛上扬后从根部填满，注意不要让红色的睫毛根部留白。

4 如果对画眼线的延长部分没有把握，可以先虚化一条大致的线条确定位置，画第二次使其饱满。

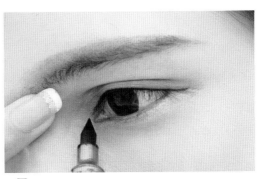

5 从鼻梁位置捏起眼裂前端的皮肤，使眼裂露出，并适度向下延长 3~4mm。

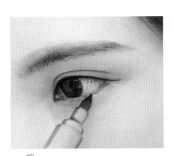

6 为了让内眼线的效果更加协调，下眼线要用虚线带出，用眼线液沾一点点颜色即可。

7 在瞳孔下方的下眼线位置，用笔触轻点睫毛根部，能起到加强睫毛浓密度的效果。

8 最后从眼尾往瞳孔正下方轻轻带过，完成一条极细、色度较浅的下眼线。

自信气质的上扬眼线

　　眼尾是最容易被忽视的位置，却是展现自信气质的重要区域。只要在眼线上做出微微上翘的局部处理，就能让眼睛回到自信双目的阵营。尤其是眼尾下垂导致的眼睛无神的状况，眼线微扬，自信就回来了。

Before

大部分东方女生的眼睛欠缺的是深邃的眼尾。

After

眼尾加强之后，眼型变得完整且富有魅力。

▲ 微翘眼线并不高调，但是却能从气势上扳回一城，确保眼妆干净利落的前提下，突出眼神中的自信。

◀ **Point: 控制眼线上扬角度的小秘招** ▶

　　担心一笔画得太翘怎么办？画上扬眼尾时，头部轻轻朝眼头的方向下调 45 度。眼型前倾时，只要将眼线画平，到最后呈现的效果就是眼尾微翘的眼线。

塑造自信气质的微翘眼尾

1 要打造线条利落的微翘眼线，最好选择极黑型眼线液笔，首先从眼裂内侧加强睫毛根部。

2 轻提上眼皮使睫毛根部露出，画出一条宽度在2~3mm的细线以填满睫毛根部。

3 顺着眼线的弧度，同时考量眼头的位置，将眼尾的眼线先往下画再轻微上扬，往下画的时候不超过眼头的水平线。

4 眼睛半闭，从外侧加粗眼线，一般加粗幅度在2~3mm。

5 加粗眼线时只加粗眼线的前半段，切勿加粗眼尾，因此加粗到瞳孔上方时先画出一条细线与眼尾连接。

6 前半段眼线与眼尾连接，注意要自然连接，并且宽度不要超过已加粗的前半段。

7 连接好之后，再用填空的方式将里面填满，上眼线就完成了。

8 为了让下眼线不留白，从眼尾后侧往前轻轻带过，到瞳孔下方停止，下眼线也完成了。

楚楚动人的下垂眼线

　　下垂眼线是塑造可爱妆感的必备元素，对眼尾天生上翘、眼型短小的人而言，下垂眼线恰巧是完美眼型的平衡妙方。

Before

　　没有眼线的平衡，瞳孔比重过大显得呆而无神。

After

　　下垂眼尾让眼线趋于完整，同时让眼神更坚定明亮。

　　▲ 萌感不是简单的睫毛弯弯和粉红眼影，只凭眼线就能减龄，谁不想知道其中秘密。

◀ **Point: 控制好眼线下垂位置的小秘招** ▶

　　眼尾画得太垂眼神就容易无精打采，因此画的时候要注意当眼睛呈水平状态时，下垂角不能低于眼头的水平线，否则双眼就容易变成"八字眼"，让整体妆容功亏一篑。

制造楚楚动人的可爱妆感

1 选择速干型黑色眼线液笔从睫毛根部画出上眼线。

2 由于下垂眼线在眼尾的比重较重，上眼线画的时候不宜过细，需注重平衡。

3 沿着眼线自然的弧度画完整段上眼线。

4 眼睛闭起来后从外侧加粗瞳孔上方的眼线。

5 画下眼线的后半段，先从瞳孔斜下方的睫毛根部开始平画一条细线作为基准线。

6 假想一条上眼线延长线，基准线画到与这条延长线相交处即可停止。

7 连接上眼线和基准线的末端，下垂眼线的大致形态就基本成型了。

8 最后用笔触将连接处构成的空白位置全部填满即可完成。

电眼效果的全包围眼线

全包围眼线不是简单地用眼线束缚整个眼型，而是通过线条和颜色的分配让眼睛散发更多的电力！借助易推开的黑色眼线膏，打造这款自信独特的电眼吧。

Before

无眼线框定的眼睛没有个人特色，显得疲乏无光。

After

存在感强的全包围眼线，眼神具备不一样的穿透力。

▲ 通过眼线勾勒眼型，放大了眼型的优点，突出中性和率性的一面。

◀ Point: 打造全包围眼线的小秘招 ▶

大部分东方女生的眼型没有欧美女生那么狭长，多数呈短扁的圆形，所以一旦画全包围眼线就会显得呆板。所以画的时候要注意加强眼裂和延长眼尾，把眼型向左右"拉长"。

裸妆也能产生电眼效果

1 用眼线膏专用刷取膏体开始画眼线，从内侧的睫毛根部开始。

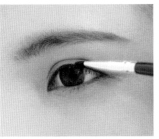

2 依照眼线的天然弧度给睫毛根部一一着色，注意不要将眼线膏黏到睫毛上。

3 画至瞳孔上方的睫毛根部时略微加粗和加深，令眼神在黑色的对比下显得更明亮有神。

4 越接近眼尾眼线越要逐渐收细，确保将眼睛中间画圆，两端偏尖，呈橄榄核形。

5 眼尾延长 4~5mm 的长度并稍稍上扬，笔触轻抬，使颜色淡出收尾。

6 选择一支小号扁头眼影刷，将珠光黑色眼影叠在黑色眼线上，加粗约 1~2mm 的宽度。

7 加强眼裂下眼线位置，从眼裂开始的位置向瞳孔正下方推开。

8 从上眼线末端向瞳孔下方晕开下眼线，与前半截连接后组成完整的下眼线。

Chapter 3

裸妆宣言：我要眉飞色舞

眉毛是五官的框架，决定五官比例和整体气质。也许你也曾忽略，眉毛也有自身的化妆技巧。弯眉、挑眉、粗眉、平眉各有千秋，眉飞色舞不止一个选项。

眉笔打造三种常规眉型

眉笔显然是大家所熟悉也最常用的眉部化妆产品，易操控、易显色、变化多也是它备受欢迎的原因。根据眉笔的特质，有这样三种常规眉型特别适合用眉笔来打造。

眉笔更适合谁?

掌握不好手劲的化妆新手

眉笔的硬度更适合掌控力较差的新手使用，它比柔软的毛刷更容易产生稳定的线条和颜色。另外如果眉毛比较粗硬、皮肤偏油性的话，容易着色的眉笔也适合这两种情况。

稀疏、缺失情况特别严重的眉毛

眉粉产生的连片带面的上色效果，无法画出自然毛发的条缕感。而眉笔本身就具备线性创作的能力，还可以先画线再晕开，最大程度仿照天然毛发的质感。

借助眉笔打造三种常规眉型

眉型1: 细弧眉

眉型特点: 中间隆起、弧度柔和的眉型，眉头自然圆润、眉尾纤长娇柔。
匹配妆容: 适合搭配体现温柔和亲和力的妆容。

1 将整条眉毛梳顺，然后将眉头的毛发梳理蓬松，直到可以看清眉毛底下的肤色。

2 用眉笔以轻点、小撇的方式将眉头稀疏的地方补齐，注意不要全部涂画。

3 眉峰位置上下都要画出明显的线条，从这里开始收细。

4 眉尾要稍微大胆地往后延长，可超出眼尾大约1.5~2cm 的长度。

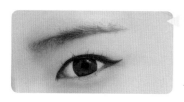  

Before

After

眉型 2：渐变眉

眉型特点：眉色从眉头往眉尾呈由浅到浓渐变的方式。

匹配妆容：适合搭配自然、日常的裸妆妆容。

1 眉头留白，用眉笔从眉头约 1cm 的位置开始向后逐渐加浓。

2 眉峰的颜色要处理得最重，同时要注意从这里开始需将眉型逐渐收窄。

3 先用眉笔画几条大致的线条确定眉尾，再填色加深，明确眉尾用了最重的颜色。

4 用粉底刷取适量 BB 霜，在手背上推匀之后轻轻刷在眉头处，进一步减淡眉色。

Before —————

After

眉型 3：弯眉

眉型特点：从眉峰位置开始出现明显的折角，眉头和眉尾的内夹角小于 160 度。

匹配妆容：适合搭配现代感强一些及效果前卫的妆面。

1 从眉头下方，前半段可沿着眉型，画出一个小于 160 度的夹角线。

2 线条往后延长，确定好眉尾的长度及角度。

3 依照反向操作的方式，从眉尾的末端反着向上画，随后确定好眉峰的位置。

4 整个框架勾勒好之后，再填充这个框架，使眉色自然均匀即可。

Before —————

After

眉粉打造三种常规眉型

眉粉是裸妆趋势下升起的一颗新星，相对眉笔的"率真"和"直接"，眉粉俨然是属于印象派的。眉粉能赋予双眉雾面丝绒的效果，十分贴近时下妆容新趋势的需求。

眉粉更适合谁?

眉毛浓郁毛量丰盈的人群

针对眉毛不画而黑的人群，只需要眉粉恰到好处的修饰就能达到润色的效果。如果你的眉形天生就生得完整的形状、眉头眉尾都比较清晰，那么眉粉非常适合你。

喜欢裸妆、隐妆效果的人群

眉粉依靠粉末来润色，因此相比眉笔而言，妆效都较轻，上妆的痕迹也比较淡。如果你的眼唇修饰都非常保守，不喜欢眉毛喧宾夺主，那么眉粉是最好的"装备"。

借助眉粉打造三种常规眉型

眉型1: 微弧眉

眉型特点：弧度柔和、眉长适中，最百搭的一种眉型。
匹配妆容：几乎和所有风格的妆容都能匹配。

1 眉头留白，用深咖啡眉粉将眉峰画平，如果上沿有超出线条以外的眉毛可以修掉。

2 依照眉毛的弧度，按照平顺的方向延长眉尾，注意延长时不要超过眼尾1cm的长度。

3 将眉尾与眉峰衔接段略微画宽，使眉毛的宽度整体均匀一致，避免眉头过宽、眉尾过细。

4 加宽时尽量加在上方，避免将眉毛画低压着眼睛。

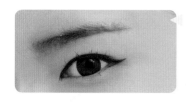  

Before

After

眉型特点：流畅利落，几乎呈 180 度的一种眉型。
匹配妆容：很极端，适合中国古风、中性、现代的妆面。

1 用深咖啡色眉粉从眉头上下方分别加深，用色可偏深一些。

2 从眉头上方直接向眉峰连线，让眉毛的角度变平，形状更趋向于"一"字型。

3 眉头画成边缘模糊一些的方形，不要让它显得太圆润。

4 要特别注意将眉毛下方的位置提亮，突出这个区域的立体感，同时也增加一字眉的气势。

 *Before* *After*

眉型特点：眉峰出现明显折角、形状近似回力标的一种眉型。
匹配妆容：适合富有年代感的中式或西式复古妆容。

1 选择深咖啡色眉粉，在眉峰下方开始，确定好折角出现的位置。

2 依据眉毛生长的位置尽可能以小夹角延长，画出下垂的眉尾。

3 眉尾确定好之后重新补色，将眉毛中、后段画满，注意用色要偏重。

4 画完之后用白色眉粉提亮眉尾上沿，能让折角的效果更突出。

 *Before*  *After*

眉粉和眉笔的组合用法

对于塑造完美俏眉而言，眉粉和眉笔哪个更出色？裸妆达人的答案是：合二为一更绝配！眉笔用于塑造眉廓，眉粉用于修饰润色，两者组合，更快完成细致自然的双眉。

Before

凌乱、长短不一的眉毛让即使已经很完美的眼妆毫无神采。

充满朝气的眉毛改写眉宇韵味。

▲ 通过两种质感和色感的结合呈现，双眉变得立体有型，眼睛随之焕发神采。

◀ Point: 眉粉和眉笔的组合关键点 ▶

眉粉比眉笔不容易结块，并且对毛孔粗大的状况有较好的修饰效果，因此适合饰底，负责的是连片带面的润色工作；眉笔痕迹清晰，能完成点、提、线等绘画方式，更适合仿照真实毛发的线条。

眉粉和眉笔的组合运用

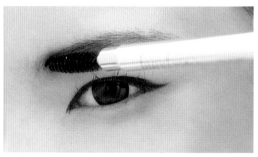

1 先用螺旋眉梳将杂乱的眉毛梳顺，眉头可稍微向上梳几次，使这里的眉毛变得蓬松。

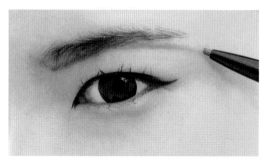

2 用眉笔先画好整条眉毛的下方框架。

3 找准眉峰，将眉峰和眉尾末端相连，形成眉尾的大致框架。

4 框架完成后，用斜口眉刷取眉粉，针对眉毛稀疏、缺失的位置进行填充补色。

5 顺着眉毛生长的方向补色，每一道画线之间都可以保留间隙，突出恰好的疏密度。

6 最后用眉笔再次明确眉尾，确保不脱妆之余，清晰的眉尾看上去更加清爽利落。

马卡龙般甜美的轻盈弯眉

眉宇之间总是带着紧张感！皱着眉头，双眉刻板又无情！当你已经听到别人这样评论自己，应该考虑将眉毛"放下"，同时搭配自然甜美的眼妆，向最具亲和力的人气好评偷偷进发吧！

Before

凌乱的眉毛让眼神看上去也不够坚定明亮。

After

中间隆起的弯眉让瞳孔也有增大的功效！

▲ 轻盈的弯眉像在天空缓缓下降的降落伞一样，让人倍感轻松。

◀ Point: 从颜色体现弯眉的轻盈 ▶

体现毛发的轻盈时，要注意画在肌肤上的颜色（无论是眉粉还是眉笔）都必须浅于眉毛毛发本身的颜色，即使差异只有一点点，却能突显立体（毛发）和平面（皮肤）的差异，确保双眉生动立体。

打造轻盈弯眉

1 用深咖啡眉粉确定眉峰的位置，也就是弯眉弧度最大的中间点。

2 从这里往两边画出大致的弧形，确定最基本的形状。

3 从眉头下沿着手，将眉头往下画，眉头上方如果不稀疏的话尽量不加色。

4 流畅地带出眉尾，注意和眉头需呈拱桥状，不要出现锐利的折角。

5 眉型用眉粉定好之后，先将眉笔笔触削尖，然后针对缺失、稀疏位置用画短线的方式补满。

6 眉笔使用时不要画在眉毛上，画在眉毛上起不到补色的作用，应画在毛发根部的皮肤处。

7 突出甜美时，眉尾的质感要轻盈，因此眉尾的缺失和稀疏要用眉粉上补色。

8 为了加强弯眉的弧度，可用白色眉粉提亮弧度最明显的位置，也就是眉毛中段的下方。

俏丽的韩式平眉

韩式平眉以率真、个性的姿态红透荧屏，画就它的门道并非等同画一条直线，在用色和细节处理上仍有很多秘密待你揭开。

Before

稀疏的眉毛毫无个性和记忆点可言。

After

眼神中率真的气质被突出，令双眼电力加倍。

▲ 女主角级俏丽平眉让人一眼难忘，不仅青春能量满格更突出与众不同的腔调。

◀ Point: 韩系平眉的美妙用色 ▶

把整段眉毛都涂黑是绝对错误的做法，眉中段浓密有致，眉头和眉尾平淡自然的用色方式最理想，也最接近眉毛自然的生长状态。

打造韩式平眉

1 选择深咖啡色作为勾勒框架的颜色，画眉原理与唇形勾边差不多。

2 最容易出现角度的地方就是眉峰下方，用眉粉将这里画平，消除夹角。

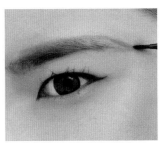

3 顺着这条线将眉尾拉平，将眉尾的框架确定好。

4 继续用深咖啡填色，把整个框架填满，注意眉尾要画粗，整条眉毛的宽度需均匀过渡。

5 平眉的眉头颜色要浅，因此选择浅咖啡色作为眉头的用色。

6 如果眉头的毛发天生长得比较低，剃掉后用眉粉加强上沿，将其画高。

7 换刷毛疏松的软毛眉刷，取白色眉粉作为高光色使用。

8 提亮眉毛中后段的下沿位置，避免眉部压眼，巧妙拉宽眉眼距离。

独特画报感的个性挑眉

挑眉是复古妆感的必备要素，如何调整天生毛发就向下长的眉尾？怎么"挑"才有气势而不俗艳？一起学习挑眉的打造方法吧。

Before

过于单薄的眉毛和气势上比较强势的眼妆非常不搭。

After

气势加强的眉型让眼神绽放不一样的气质。

▲ 挑眉成为整体妆效的担纲元素，起到呼应妆容主题的作用。

◀ Point：眉笔勾边的作用 ▶

想要打造自然甜美的妆面，眉毛的边缘不适合勾边，相反的应该用眉粉刷适当推开，打造边缘雾状效果。如果妆面需突出气质和个性的感觉，可以用眉笔进行勾边，使眉型边缘更加清晰。

打造个性挑眉

1 用螺旋眉梳将眉毛的毛发呈 45 度向上梳，打造挺拔眉型，眉毛较硬者可用眉毛定型胶打理。

2 眉尾可以稍微剃短或者用 BB 霜轻拍遮盖，减淡眉尾的颜色。

3 眉头位置用浅咖啡色眉粉晕开，注意不要画得太圆润。

4 从眉峰下方位置开始慢慢拉高，使整体眉型的走向是斜着拉高的。

5 借助眉粉棒清晰的痕迹带出眉尾的大致框架，将眉尾略微上扬。

6 连接眉峰和眉尾末端，形成大致的框架。

7 用眉粉棒将整个眉型勾边，尤其是上沿和下沿，让眉型的边缘更加清晰，以突出气势。

8 最后用深咖啡色眉粉针对稀疏、缺失位置进行补色。

气场女王的复古粗眉

　　粗眉出镜，你就能轻松演绎复古惊艳、气度不凡的女王角色。对于一些特定的妆面而言，粗眉是不可撼动的气场标签。在自身眉毛毛量不够多的时候，如何巧妙"加宽"，成功打造复古粗眉呢？

Before

零散的眉毛无助于颇有气势的眼妆。

After

加宽后的眉型充满强电压气场，让人过目难忘。

▲ 相对于柔和的细眉，粗眉代表的是自然与成熟，是红唇和上扬眼线的绝妙搭配。

◀ **Point：手绘眉毛的要点** ▶

　　一般肤质用削细的眉笔就可以打造手绘眉毛。遇到难以着色的油性肤质或者"秃眉"的状况，需用眉粉画一个框架、润色，然后再用棕色或黑色眼线笔（建议选择极细笔触）画出毛发。

打造复古粗眉

1 粗眉宜选择较深的颜色，因此选择深咖啡色作为勾勒基本眉型的底色。

2 先将原本的眉型勾勒一遍，上下边缘都可以适当加宽，尽量接近粗眉的廓形。

3 复古粗眉不能粗且短，因此眉尾要比较大胆地做出延长效果。

4 加粗眉尾时尽量从上沿着手，避免加宽下方让眉毛压着眼睛，造成压迫感。

5 眉头及眉毛中段位置毛量不够多的话，需用眉粉棒画出数道呈斜下45度的小短线，仿照自然的眉部毛发。

6 眉头等位置加了"手绘眉毛"之后，再加粗眉尾，局部微调，使眉型整体协调。

7 选择白色眉粉作为高光粉使用，使用的是软毛眉刷。

8 轻扫在眉骨下方的后半位置，打亮这个区域后，粗眉可以显得轻盈立体。

Chapter 4

裸妆宣言：给我完美气色

掌握腮红的关窍犹如把握年龄的齿轮。腮红不仅仅只能润色，也是修饰脸型的秘密武器。无论今天你想如何妆扮，别忘了腮红才是那神奇的变妆药粉！

使用腮红的常规步骤

腮红新品层出不穷，无论是何种色号、何种光感，你都需要了解能应对所有腮红的基本套路，便于快速利落地打造自然健康的双颊。

1 无论腮红刷刷头大小，取色时两面都必须粘上粉，这样才能确保用色均匀。

2 从颧骨斜下方的位置着手，沿着颧骨下方的凹陷痕迹往前带。

3 脸颊中央的位置可以略加扫染，突出色泽的红润度，注意扫染腮红的动作要大。

4 回到颧骨，再度明确腮红的重点位置，这里的色感应该是最重的。

5 脸颊外沿还可以加重用色，能起到收窄脸型的效果。

6 最后用象牙白色的蜜粉在色感最强处定妆，有了蜜粉的调节，色泽会更趋于柔和。

Before —————
全无重点的脸庞即使足够白皙也没有紧致、立体的感觉。

————— *After*
腮红明确的视觉重点，柔和的色泽恰到好处。

◀ **Point: 别让刷子大小局限腮红范围** ▶

无论是大刷子还是小刷子，都应该借助较长的推刷距离和快速利落的手法，达到均匀推开的效果。切勿掉进小刷子画小腮红、大刷子画大腮红的误区。

大多数人都在犯的腮红问题

43% 的人 "把腮红打在脸颊中央。"

东方女生的五官相较西方人而言更显得集中，因此不适合前置腮红。另外对于颊部不饱满的人而言，打在脸颊中央的腮红更显得削瘦，让五官更局促小气。

How to do

打在颧骨后侧或者下方位置的腮红更适合东方女生，脸型较小者甚至可以考虑从太阳穴周边的发际处下笔，然后向脸颊前侧推匀，总之别让腮红色彩最重的地方位于脸部正前方的位置。

31% 的人 "腮红永远画得不对称。"

由于咀嚼方式和用力肌肉群的不同，人的左右脸是并非完全对称的。这使得我们在画腮红的时候也要注意针对左右脸颊的差异做出调整。

How to do

不要在侧光或背光的地方画腮红，最好是正射光线（化妆桌）或者是高处射下来的顶光（普通室内白炽灯），这两种光线都能让你直观地看到两颊的凹凸差异，便于通过腮红及高光进行调整。

19% 的人 "控制不好腮红的浓度。"

腮红的浓度决定了整个妆感的自然程度，最常见的错误是使用了抓粉力太强的工具，导致一着色腮红便显得很浓。抓粉力过强的工具包括刷毛紧实的短毛刷、弹性比较差的海绵及粉扑，普通化妆新手不容易驾驭这些工具。

How to do

选择抓粉力适中、毛量蓬松的长毛腮红刷，这种刷子可能一两下并不能带来很明显的着色效果，但胜在可以少量多次着色，便于初学者斟酌色彩的浓度。不建议初学者一开始就使用海绵头的腮红产品。

7% 的人 "腮红过渡不自然。"

腮红和底妆融为一体才是高手段位，但对很多初学者而言，她们的腮红边界总是非常清晰，一眼就能看出腮红的形状，很难和底妆融合，到底是什么原因呢？

How to do

肤质的细腻程度极大地影响了腮红的自然程度，毛孔粗大和角质堆积的皮肤都与均匀自然的腮红无缘，要通过去角质和毛孔管理先把肤质变得细滑。另外，粉底的饰底作用也要突出平滑感，选择柔质光滑的底妆，可以在一定程度上减少腮红推不开、推不匀的问题。

注重光泽感的梦幻腮红

　　"光"才是捕捉光的好手。如果你希望肌肤呈现紧致年轻的光华，一定要将细腻的光藏进腮红里。对于肤质本身就欠缺光泽度的人而言，亚光腮红并不可取，充满光泽感的腮红才是制胜要诀。

Before

没有光的提亮，皮肤只要有一点点衰老痕迹便会觉得松弛。

After

细腻光泽和健康红润成为构成年轻肤质的两大要素。

　▲ 光变成看不见的网，将肌肤变得更加紧致有弹性。光靠底妆就能胜出，秘密尽在光感腮红。

◀ Point: 局部使用珠光白色眼影的必要性 ▶

　　切勿整个颊部都用珠光提亮，因为人的颊部并非圆滑的球面，把白的珠光色用在显得凹陷和黯沉的位置才是最恰当的。

打造充满梦幻光泽感的颊部妆效

1 选择混合高光色的腮红粉饼，最好是圆扇形刷，有助色彩快速推开。

2 从太阳穴下方的发际位置着手，沿着颧骨下方凹陷处往前刷扫，突出颧骨下方凹陷感。

3 遇到颧骨突出位置，在正下方多扫几次，突出红润。

4 为营造梦幻的效果，在眼尾下方的位置补一点红润更显得可爱。

5 用刷毛丰盈的中号高光刷取少量珠光白色眼影。

6 先刷一点在眼袋下方的凹陷处，突出这个位置的饱满度。

7 再刷在眼尾腮红的上方，和腮红结合打造害羞的妆感。

8 最后用干净的粉扑取少量浅紫色蜜粉定妆，增加肌感的透明度。

具有消除颧骨突兀感的柔和腮红

颧骨并不是面部结构的破坏分子，将较突兀的颧骨变得柔和，与突出过于扁平的颧骨，是颊部妆容相当重要的两个命题。现在就来学习利用腮红消除颧骨突兀感的方法吧。

颧骨突出，面部会显得较为成熟。

颧骨突兀感减小，苹果肌变得饱满，肌龄仿佛回到少女时代。

▲ 腮红位置上移后，颧骨化身为丰满娇嫩的苹果肌，即使微微一笑也能散发亲和力。

◀ **Point:** 消除突兀感不能用深暗色遮盖 ▶

老一套的方法是用暗哑的深色遮瑕膏修饰突出的位置，这样做会出现一个斑驳的色块。利用腮红覆平的妆法更自然，但是必须配合蜜粉提亮黯沉的周边位置。

打造令颧骨变柔和的颊部妆效

1 选择柔和的粉色腮红，为达到消除突兀感的效果，不选用高光腮红。

2 保持笑容，找准颧骨最高的突出点，从突出点的前侧斜下方着手。

3 慢慢将刷子往太阳穴方向提，同时覆盖颧骨最高的突出点。

4 一直晕扫至太阳穴方向，按照这个线路重复多次。

5 选择一款较白的蜜粉，用圆头蜜粉刷在腮红下方制造饱满度，和突出的颧骨取得平衡。

6 眼底区域一旦黯沉，颧骨就会显得更高，用蜜粉扫除这个区域的黯沉现象。

7 再用腮红刷润色笑肌位置，这里是苹果肌的圆心位置。

8 最后用轻盈的粉色蜜粉给整个颊部定妆。

低调红润的夹层腮红

针对面部丰满有肉、中庭区域较宽的人，单色腮红并不能最大程度解决脸颊宽大的问题。所以选择略有区别的两个相近色用于润色，能直接产生瘦脸的作用。

丰满的双颊显得肉嘟嘟的，是许多女生烦恼的问题。

双色夹层，具备层次的红润让脸神奇缩小！

▲ 具有层次感的双色腮红，让脸颊呈现水果般自然成熟的红润感。

◀ Point: 选择最适合双色腮红的两个色号 ▶

彩妆品牌中一般都会生产几个相近色，根据喜好从中选择两个，一般融合度都会比较好。当然你还可以选择一个色号是自然亚光色，一个是珠光梦幻色，两者搭配效果更棒。

打造双侧夹层的颊部妆效

1 选择一款更接近白色的浅粉色腮红，作为最大面积的腮红底色使用。

2 按照斜放的水滴形状扫在脸颊最丰满的中间位置。

3 前面的位置需画得圆润一些，上提至太阳穴渐渐收窄，呈水滴形状。

4 再选择一款深粉色腮红，作为面积略小的第二层腮红使用。

5 微微侧着脸，从嘴角与耳垂连线靠前1/3位置着手，往太阳穴提扫，制造第一条深色带。

6 从颧骨最突出处的后侧往太阳穴位置带，制造第二条深色带。

7 眼尾位置加一点红润，突出自然的红润感。

8 最后用浅粉色蜜粉定妆，一层薄薄的粉末能带来柔和雾面的妆效。

梦幻甜美的双色腮红

如果你认为单色腮红不足以酝酿一场甜蜜风暴,那么尝试双色腮红带来的梦幻甜美感吧。优于单色腮红的表现力,更具心机的层次感,都会让你拥有瘦脸和甜美的双倍收获。

上完底妆肤色变得黯黄,这成为让大多数女生头疼的难题。

双色润泽,有效避免肌肤妆后黯黄。

▲ 两个颜色的甜蜜发酵,酝酿的是棉花糖一般的肌肤质感。

◀ **Point: 橙色腮红消除面部浮肿和突兀问题** ▶

黄种人的肤色天生就偏暗橘色,通过柔和橘色的融合和修饰,反而会有紧致的效果。所以遇到面部浮肿和骨骼突出的问题,橘色比粉色更具备化解难题的能力。

打造双色的颊部妆效

1 选择一款柔和的粉色腮红，作为位于较高位置的腮红使用。

2 从颧骨最突出处往太阳穴方向提扫，让甜美的感觉显露在笑肌上方位置。

3 从笑肌着手，将颜色晕染整个脸颊，注意用色不要太重。

4 选择结合珠光色的橘色腮红，作为位于较低位置的腮红使用。

5 从耳朵前面的发际线延伸下来，借助腮红刷斜画一条深色凹陷线，突出面部立体感。

6 腮红刷沿着腮腺平扫，目的是让咀嚼肌通过橙色的修饰变得柔和一些。

7 再用之前的粉色腮红将两色衔接位置模糊晕开。

8 用粉色蜜粉定妆，使颊部色泽更为柔和。

可爱气质的圆形腮红

圆形腮红是塑造可爱双颊的基本技法，无论你是想炫耀紧致双颊还是明采双眸，圆形腮红的可爱魔法，都能让你的愿望完美实现。

没有彩色主导的肌肤总是显得老成黯淡。

可爱的圆形粉色腮红是年轻肌色的绝佳代言。

▲ 粉色＋圆形的双料甜美秘技，让双颊像梦幻泡泡一样给你带来愉悦心情。

◀ **Point: 画圆形腮红要"先清晰后模糊"** ▶

一开始利用刷具画圆时可以画非常工整、饱满的圆形，目的是先让腮红左右对称。接下来用蜜粉晕开是将圆形变得模糊，目的是让边缘和底妆融合，让可爱变得讨喜。

打造圆形的颊部妆效

1 选择带有荧光色基调的粉色腮红，借助高光色感强化妙龄气质。

2 斜面腮红刷的短毛端放在颧骨最突出处，并且把这个点定为圆心。

3 将腮红刷定点旋转 360 度，打造圆形轮廓。

4 为了消除颧骨突兀感，可以在下半圆加强色泽，让腮红更具层次。

5 选择浅粉色蜜粉，在圆形腮红中间轻点一些粉量。

6 利用刷毛蓬松的大号蜜粉刷，将粉末呈放射状往脸部外侧呈扇形刷开。

7 粘取更多的蜜粉提亮眼尾位置，和眼白呼应突出可爱感。

8 晕扫太阳穴，这里是让人显老的关键区域，借助蜜粉令其饱满膨亮。

开朗气质的横向腮红

横向腮红的气质更外向、富有活力，能简单直接呈现开朗的天性。针对较长的脸型，横向腮红的作用更加明显，可以给长形脸制造可爱开朗的气质，弥补不足。

脸型偏长的人总是给人不太亲切的感觉。

脸部中央变成视觉重点，长形脸的尴尬被成功转移。

▲ 直接明了的润色方式，仿照太阳晒后芳泽，可爱开朗的气质让人不得不动容。

◀ Point: 裸色粉饼避免腮红脏感 ▶

横向腮红的表示方式是直接、明了的，因此画不好的话容易给人脏兮兮的感觉。裸色粉饼首先是用在腮红周边凹陷的位置，这些位置变平坦了之后，腮红就不会非常突出了。

打造横向的颊部妆效

1 横向腮红尽量不要使用亚光色，选择拥有高光色的腮红。

2 保持微笑，从笑肌中央位置着手，顺序是往两边均匀推开。

3 先往后横向刷扫，目的是趁腮红刷的粉末量还比较多时，把较重的色感放在后侧。

4 然后慢慢横向向前刷扫，带过鼻翼位置，还可以在鼻头上加一点红润。

5 选择一款色调较亮的裸色粉饼作为提亮粉使用。

6 先扫眼底下方的凹陷位置，避免横向腮红突出眼袋和黑眼圈。

7 扫太阳穴位置，加强饱满感，太阳穴饱满的话会突出可爱感。

8 最后轻轻给整个横向腮红定妆。

一分钟打造立体脸型的斜向腮红

没有其他形状的腮红比斜向腮红更能塑造小Ｖ脸，它还能有效解决面部浮肿、颊肉丰腴和脸型过宽的问题。另外当你选择露出整个脸颊的发型时，斜向腮红无疑会让你的自信翻倍飙升。

Before

没有阴影感的面部看起来很宽大。

After

斜向腮红的痕迹同时也是笑容线，极大提升笑容感染力。

▲ 紧致立体的Ｖ脸效果，全凭腮红发挥的不俗功力！

◀ **Point: 大面积斜向腮红更自然** ▶

往常套路的斜向腮红都追求欧美妆效，色感强、线感重，对日常裸妆而言不太适合。利用宽扁形状的大腮红刷以片区形式扫刷，同样按照斜向路线，更能制造自然的效果。

打造斜向的颊部妆效

1 打造斜向腮红需取较多粉量，用宽扁的腮红刷多扫几次令刷毛充分着色。

2 从与眼尾直线相对的发际线开始着手，呈斜线向嘴角方向刷扫。

3 经过颧骨下方，让腮红在颧骨下形成一片加强凹陷的深色区域，加强笑肌。

4 将腮红刷转向，从嘴角上方往颧骨突出处提扫，完成整个斜向腮红的路线。

5 这个方法可重复几次加强腮红的痕迹，还可以配合修容粉加深。

6 取裸肤色蜜粉作为提亮粉使用，首先消除眼底凹陷区域的黯沉感。

7 晕扫太阳穴位置，让皮肤变得饱满起来。

8 斜向腮红的下方也可以稍微提亮，让腮红的边缘更加自然。

三步消除脸部赘肉的勾形腮红

肉肉脸、苹果脸如何"快、狠、准"瘦下来？最准确的答案就是一款勾形腮红。想象一下勾形的果断和利落，可以完美隐藏面部赘肉，同时赋予自然大方的上佳气色。

没有腮红润色的脸颊就像全无线条的纸张，看上去苍白一片。

简单的腮红让视觉拥有重点，脸颊变得立体有致了。

▲ 勾形腮红让赘肉变成亲和资本，让饱满的肉肉变成目光的吸引点。

◀ **Point: 大小勾形修容有差异** ▶

用小号腮红刷画的"∨"勾形修容效果明显，因为它等于将脸颊分化成两个区块，提升效果非常理性。大号腮红刷画的"∨"勾形切割感没有小"∨"勾形那么明显，但对于脸型较长的人也能起到瘦脸的作用。

打造勾形的颊部妆效

1 打完底妆后，用较底色暗一号色的粉底液或遮瑕膏拍在赘肉比较多的位置。

2 用自然色号的蜜粉定妆，使底色已经做好瘦脸的铺垫。

3 选择成熟色调的茶花色作为腮红色，让刷子两面都粘上腮红。

4 脸部微微倾斜，从颧骨斜下方的位置着手画一个近似"∨"的形状。

5 一直往太阳穴的位置上提，注意将边缘自然融合。

6 选择自然象牙色号的粉饼作为修容色，工具是圆头蜜粉刷。

7 打在"∨"勾形靠前的位置使腮红和周围融为一体。

8 再晕扫一下"∨"勾形的尾巴让颜色自然减淡，达到自然的效果。

Chapter 5

裸妆宣言：爱上原色之唇

　　双唇是独一无二的个性标签，是每个女生彰显自我色彩的领地。无论是蜜桃唇的甜美，还是红唇的张扬，都能成就个性。你为自己准备了多少种唇色，你的美便有多少。

找出你的真命唇色

对的唇色能对肤色产生正面的影响，红润度和光泽度都能同步提升；错误的唇色等同恶作剧，不仅会让肤色优点尽失，还有可能闹出不少尴尬。从肤色入手，为你的皮肤找出它的专属色号吧。

肤色决定唇色

肤色苍白 Right! ✗ 最忌！

血气不好的人最忌粉紫色，它会让你的嘴唇看起来更泛白，显得更单薄，并且还会有脱皮、贫血的不健康感。樱桃红是最适合皮肤苍白的女生，维他命的颜色容易造就唇红齿白的健康形象，再使用唇蜜叠加立体效果，嘴唇就会更饱满了。

肤色黄 Right! ✗ 最忌！

肤色黄的女生，用深蜜橘色可以把原来的唇色掩盖，建议多采用有闪片或者珠光材质的，以闪烁感来一扫薄唇的死板和刻薄感。最忌讳的就是比唇色还要浅的各种颜色，例如接近透明的浅粉色，这会让唇部显得更苍白，皮肤黄的人反而要把唇部的颜色突出、加重，不能和皮肤的颜色相同。

肤色偏红 Right! ✗ 最忌！

肤色偏红的女生可以选择行的裸色唇膏，一些豆沙色也非常适合，这些颜色即使不用遮瑕膏打底，也可以把唇色减淡，而且更自然。大红大紫的搭配是最容易错配成血盆大口的搭色，不仅不能让嘴巴显得更性感，反而是错误地走上冶艳的路线。

热门唇色也有不适合的肤色

裸粉色系唇膏不适合的肤色　　　　偏黄肤色　　偏紫肤色　　小麦肤色

大多数显色度不高的裸粉色系唇膏在唇上会有明显的荧光效果，和东方人普遍偏黄的肤色融合起来会唇色偏素白、让脸色看起来更脏。这类唇膏并不好在日常使用。

Point: 在肤色白皙有光泽的基础下可以选择裸粉色唇膏，但一定要注意使用唇线笔画出唇型，因为裸粉色系唇膏修正唇型的作用不大，而且还会导致薄唇效果，适合天生唇部状况比较好的人使用。

裸肤色系唇膏不适合的肤色

白皙冷感肤色　　偏黄肤色　　小麦肤色

　　裸色系唇膏是自然最接近无色的唇膏，这样的唇膏最能突出双唇的自然质感。也因为裸肤色系很贴近自然肤色，如果肤色偏差，就不能很好的突出唇部，反而看起来全脸都是蜡黄的，起到相反的效果。肤色过白、偏黄和较深的人都不适合用裸肤色唇膏。

Point: 双唇自然有型、厚度足够的基础最适合挑战裸肤色唇膏，涂完裸色双唇，最后再加上一层淡淡的亮油就会更性感。

珊瑚色系唇膏不适合的肤色

过敏肤色　　偏红肤色　　砖红肤色

　　珊瑚色系唇膏一直是每季必备的百搭色，对于东方人的肤色而言，若是想让皮肤看起来更白，太过鲜艳的红色有可能会衬得脸色更加黯淡，而同样属于红色调但更显柔和的珊瑚色就会获得柔和自然的效果。除了肤色偏红、被晒伤和过敏肤色（红血丝浅表）之外，珊瑚色几乎都能和各种肤色相融。

Point: 冷色调、亚光的珊瑚色适合夜间，暖色调、带珠光效果的珊瑚色适合白天。珊瑚色的膏体看上去有点普通，但是真正涂抹在唇上时会比你在唇膏上所见的要更加清透一些。

正红色系唇膏不适合的肤色

过敏肤色　　蜡黄肤色　　偏紫肤色

　　正红色唇膏能赋予唇部亮彩缎质的惊艳效果，当你出席重要的宴会或者要做出视觉系的打扮时，正红色唇膏是每一个女人都必须准备的。当然正红色唇膏并不是每个人都适合，惊艳的大红唇会使脸上的红色块更加明显，包括脸上的过敏，另外蜡黄肤质和偏紫肤色都不适合红唇妆，皮肤白皙的人或者健康黝亮的小麦色才能让红唇妆更加性感。

Point: 唇部肤质不好、干燥明显、纹路深重的人千万不能正红色系的唇膏，因为红色的膏体视觉效果偏干，看起来会比别的唇膏更干燥，反而会令唇部的肤质看起来更差。

常用唇妆的上妆方法

唇膏的魅力不可小觑，因为它不仅仅只有一种呈现方式。用唇膏直接上色、手指指腹上色及借助唇刷都能呈现不一样的效果，对你而言需要了解哪种方式更适合自己。

三种上色方式呈现浅色唇膏

唇膏直接上色

粉感强，遮瑕效果明显，上色最显色。

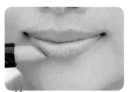

1 用浅色唇膏时，针对唇边缘的色素沉淀，先用唇膏尖端勾边。

2 涂下唇时从中间向两边对称推开，不要来回涂，避免唇膏粉体嵌入唇纹。

3 涂上唇时利用唇膏尖端勾勒唇峰，然后从中间对称涂开。

手指指腹上色

1 在唇部最丰满处着手，将颜色向两边对称均匀拍开。

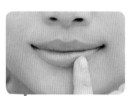

2 针对唇纹突出的位置重点遮盖，通过多次拍打遮盖唇色和纹路，注意不要用推的方式。

3 上唇也用同法轻拍上色，注意要少量多次拍打才能确保颜色均匀。

随性自然的不均匀感，雾面效果很优美自然。

专业唇刷上色

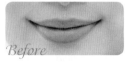

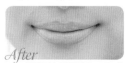

滋润效果明显，有光泽度。

1 唇刷需要取偏多一点的量以备在唇部推开。

2 唇刷与唇部呈小于45度角接触，能打造无唇纹的上色效果。

3 最后用唇刷的侧面勾勒唇线，同时遮盖唇部边缘易出现的色素沉淀。

三种上色方式呈现深色唇膏

唇膏直接上色

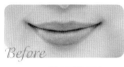

Before

After

显得饱满，能最大程度突出唇膏质感。

1 用唇膏尖端部分勾勒大致的唇形，注意要画出唇峰和下唇唇沿。

2 从唇部中间位置开始向两边均匀推开，嘴巴微张便于涂到唇部的内侧。

3 用沾有少量粉底液的棉棒轻轻擦掉不慎出界的唇膏，确保唇廓清晰。

手指指腹上色

1 下唇需分两层上色，先用指腹拍第一层颜色，作为底色先滋润唇部。

2 在下唇中央拍第二层颜色作为加深色，突出色彩的层次感。

3 上唇只上单层色，唇部微张，用指腹轻轻拍打上色。

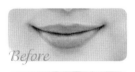

Before

After

丝绒雾面质感、色彩柔和，适合日常出门。

专业唇刷上色

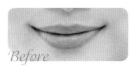

Before

After

最具光泽，且能对唇纹进行有效修饰。

1 唇刷以小于45度角贴于下唇唇面上色，唇角用唇刷尖端位置勾勒。

2 上唇从唇峰中线分为左右两个半区，分区上色可确保对称。

3 上下唇都上好底色之后，加重唇峰和下唇饱满位置的颜色。

宛如天生的蜜桃裸色唇妆

我们总是用水果来比喻新生鲜嫩、充满年轻光泽的对象，你的双唇希望得到这样的赞美吗？将水蜜桃的粉嫩鲜润转移到被干纹困扰的双唇，只需要一组唇膏和唇蜜就能实现。

Before

唇纹的存在迅速将肌肤的年龄增大。

After

唇膏和唇彩的双重叠用，令双唇重现年轻饱满。

▲ 像蜜桃一样充满鲜果光泽的双唇，即使只有淡淡的亮彩，也能突出精致五官。

◀ Point: 用润唇膏和粉底液饰底 ▶

对于唇纹比较明显的人而言，粉底液会加深唇纹，而透明润泽的胶原蛋白或凡士林润唇膏就显得非常管用。先用润唇膏填平唇纹，紧接粉底液调匀唇色，随后用其他唇部产品更顺畅自如。

打造蜜桃裸唇效果

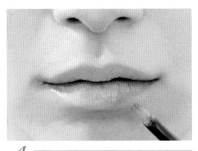

1 先用凡士林型润唇膏滋润双唇，同时填充凹陷的唇纹，使表面变得平滑。

2 用唇刷取少量粉底液，均匀地涂在双唇表面，遮盖唇色不均现象。

3 选择质感柔滑的白色眼线笔作为唇线笔使用，勾勒唇部外廓，突出立体感。

4 尤其是上唇外廓需要加强突出，打造上唇微噘的可爱效果。

5 选择自然的粉色唇膏，在白色唇线范围内上薄薄的一层底色。

6 上唇用色需比下唇更浅一些，遵循"深色在下、浅色在上"的立体守则。

7 选择裸色唇彩点在下唇最饱满的位置，打造娇嫩欲滴的效果。

8 上唇只需用同样的唇彩轻轻带过，涂出薄薄的一层光泽即可。

只需三步的果冻唇妆

　　透明、Q弹、晶亮……可口的果冻恰好拥有完美双唇必须具备的几大特征。想要"原版照抄"果冻的诱人特质，只需要简单三步就可以办到。

Before

　　被干纹困扰、毫无生气的双唇绝对NG！

After

　　Q弹晶亮的双唇即使微微一笑，也能绽放动人特质。

▲ 像果冻一般透亮的双唇，让众人的视线都忍不住留恋。

◀ Point: 利用好深浅两号色的互渗效果 ▶

　　两个色差很大的唇蜜互相渗透后能出现非常唯美的效果，对于嘴唇较薄的人而言，利用这样的搭配方式能迅速打造丰满的唇形。

三步打造果冻唇效果

1 先用白色眼线笔勾出整个唇部的外廓，上唇不够丰满者可稍稍超界画出唇线。

2 选择浅咖啡色眉粉作为下唇的隐形粉使用，使用小号扁头彩妆刷取色。

3 在下唇与下巴凹陷的衔接处画一道阴影线，以此突出下唇的饱满度。

4 用浅粉色唇蜜均匀地涂满上下唇，下唇丰满处略加量，塑造下唇厚度。

5 选择深两号色的粉色唇蜜，点在下唇丰满处。

6 用同样的唇蜜轻轻带过上唇唇峰位置即可。

张扬美唇线条的超饱和唇妆

想要毫无保留地呈现双唇轮廓，同时又选择饱和深色唇膏的话，必须注意唇廓的微调和色泽的运用。夺目红唇可以是惊艳也可以是惊悚，巧妙把控是获得红唇的重点。

清晰的唇峰和微扬的嘴角都是双唇的时髦基因。

张扬的唇形，红而不妖的唇色，都是只属于女神的标签。

▲ 棱角突出的唇形有助提升红色的大胆和气韵，即使搭配简洁眼妆，也能突出女神气质。

◀ Point: 唇线的神奇作用 ▶

画唇线并不仅仅是为了框定唇膏的范围，它还能通过抑制油份而避免唇膏外扩、晕开。选择唇线的颜色时不一定要和肤色十分接近，棕色唇线特别适合加强深色唇膏的立体感。

打造超饱和唇部效果

1 用浅咖啡色唇线笔或者眉笔沿着人中，画出上下唇的中缝线。

2 上唇需左右分区后分别描画唇线，可确保左右对称，画的时候要突出唇峰的尖角。

3 画下唇时需要沿着唇部外沿，下唇下方的唇线稍微加粗，做出阴影效果，突出下唇厚度。

4 用唇刷上色可以确保线条精准，先画好一边再画另一边。

5 分两区才能确保上色对称，上色后唇膏覆盖了95%的唇线，可以稍微留点边缘。

6 下唇上色时，要从唇角往中间推开，确保唇色的线条清晰不晕开。

7 刻意画出来的下唇阴影线不要用唇膏完全涂满，留一点边缘，效果更立体。

8 第一层颜色稍微干透后，再针对下唇中间进行补色，强化双唇的焦点。

超萌美的韩系咬唇妆

韩系咬唇妆在亚洲可谓是热力不减，唇色从唇中向唇线的深浅渐变，构成了咬唇妆万人效仿的特质。那么对普通人的唇形而言，如何快速地打造韩系咬唇妆呢。

Before

普通人的平凡双唇需要构思才能取胜。

After

不是最夸张的妆效，却突出了最个性的一面。

▲ 富有气质张力和色彩表现力的咬唇妆，速写出不一样的明星气质。

◀ **Point: 适合咬唇妆的唇膏颜色** ▶

饱和暖色能很容易打造出渐变的效果，除了成熟的紫色之外，活跃的橘色和复古的浆果色也是咬唇妆的必选热门色号。

打造韩系咬唇部效果

1 咬唇妆不能出现死皮，因此需棉棒用温水去掉唇部翘起的死皮和角质。

2 用指腹轻拍一层薄薄的粉底液，遮盖唇色。

3 用粉扑取少量自然色散粉轻拍双唇，制造咬唇妆非常具有特点的干燥质感。

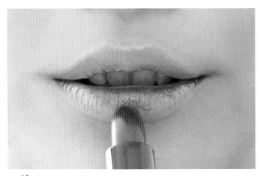

4 双唇微微张开，唇膏点于唇部中间并做出随性的晕开感。

5 用指腹轻轻地拍打有颜色的边缘，使色彩出现渐变感。

6 借助中号眼影刷将粉色蜜粉轻点在唇膏边缘，吸附一部分来自唇膏的油感。

7 上唇依照同法上色，注意上色的面积不要太大。

8 用同样的粉色蜜粉轻点唇膏边缘即可完成。

返璞归真的日系亚光唇妆

如果你更喜欢知性淡雅的亚光双唇，同时羡慕那种唇色和肤色最为接近所绽放的优雅感觉，那么一定要学习这款以丝绒质感取胜的日系亚光唇妆。

Before

深色偏红的唇色和浅色衣服总是格格不入。

After

低调的亚光唇妆让人的气质一下变得温和起来。

▲ 优雅知性的柔和色调，让双唇出现天鹅绒版的高级质感。

◀ **Point: 打造不易干涸的亚光双唇** ▶

在使用裸肤色色号的唇膏前，一定要彻底去除唇部死皮和角质。唇部异常干燥者紧接着需要润唇精华或者其他深层润唇产品，最后要选择最滋润的亚光唇膏，每层都有滋润保护，才能避免唇部干涸。

打造日系亚光唇部效果

1 选择保湿效果突出的亚光裸色唇膏给双唇先涂薄薄一层。

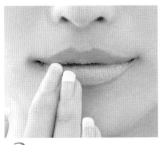

2 用指腹轻轻地拍打唇部，让膏体均匀覆盖唇纹显著处，促进贴妆。

3 用粉色蜜粉轻扫唇的边缘，吸附一部分来自唇膏的油份。

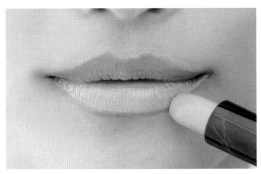

4 再涂一层亚光裸色唇膏，加重唇膏的厚度，进一步遮盖原来的唇色和唇纹。

5 用唇刷取少量唇膏，以轻点的方式重点遮盖唇纹未改善处。

6 唇峰位置用唇膏的尖端部分勾勒，可将唇峰画得圆润一些。

7 轻拍粉色蜜粉去掉唇膏的油感，呈现雾面亚光的感觉。

8 在上下唇的饱满处加一点点唇膏，留下恰到好处的光泽度。

多变玩趣的双色唇妆

唇妆是一支唇膏的独角戏？不！不仅眼妆具备百变可能，唇妆也可以玩趣十足。组合两支梳妆台上的唇膏，给双唇塑造两色交融的甜美质感吧。

唇形单薄同时也有唇纹的困扰。

裸粉色和桃红色的甜美碰撞，有趣且备显活力。

▲ 像是果酱遇上花蕊，两色相融的动人双唇绝对令人过目难忘。

◀ Point: 更具创意的双色唇妆 ▶

浅色饰底、深色点缀唇中的做法非常具有少女气质，而深色饰底、浅色点缀唇珠更强调出双唇的性感和韵味。试一试把两支同一种色彩、不同深浅的色号搭配起来，你会发现无论怎么组合都能激活双唇趣味。

打造双色唇部效果

1 将保湿性好的裸粉色唇膏作为第一层底色，首先涂匀双唇。

2 双唇涂匀后重点遮盖唇线，避免深色的色素沉淀露出。

3 利用唇膏尖端画出清晰的唇峰，需要完美遮盖唇线。

4 从双唇中间往外涂较深的桃红色，不要超过下唇 1/2 的面积。

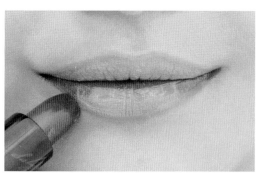

5 用唇膏以点涂的方式，稍微勾勒一下唇角。

6 再次用裸粉色唇膏覆盖下唇最饱满处，促进两种颜色的融合。

7 桃红色唇膏从内侧往外点开，也不要超过上唇 1/2 的面积。

8 用裸粉色唇膏再次覆盖，让桃红色集中在内侧。

Chapter 6

裸妆宣言：拥有立体轮廓

立体有远胜平面的美，所以成为每个彩妆达人的必修课。想要突破天生桎梏，塑造光影最美轮美奂的可能。那么就借助多种彩妆利器打造让人过目难忘的立体轮廓吧。

凸出区域的彩妆要诀

人脸的凸出区域负责构建整个脸型的立体度，过于凸出的地方要打暗修饰，不够凸出的区域要提亮加强，扬长避短就能塑造立体有致的面部轮廓。

额部

要诀1：重点修饰过于凸出的额角

有额角的话人会显得凶悍强势，同时看起来会比较像男性，在露出额头时可以通过打深色BB霜来让额角变圆。

1 修饰额角要选择深色粉底液，沿着发际线修掉锐角。

2 两边额角用完深色粉底，记得要换浅色粉底将额头中间提亮，两边原本凸出的额角才会形成"凹"进去的反差。

要诀2：额头暗沉的提亮方法

额头黯沉先考虑用米色粉底提高，尽量不要太白的颜色，否则会加强额头的乌青色。提亮额头后还要注意鼻梁山根位置，提亮额头后很容易造成"鼻子变扁了"的后果。

1 选择裸肤色或米色粉底提亮额头，给额头使用粉底时一定要横向推开，避免卡出皱纹。

2 提亮完额头后主要给眉心、鼻梁山根位置补点提亮粉，完成高鼻梁的视觉延伸。

要诀3：合理修饰眉骨上方突出

额骨过于突出、加之太阳穴凹陷的话，会在眉骨上方出现很明显的骨感，这是亚洲人非常常见的脸型问题。

1 眉骨上方突出的骨感要用深色的粉底打暗，这里禁用一切有反光效果的粉体。

2 眼尾对应的太阳穴位置用珠光型蜜粉提亮，凹变膨，一个举动消除突出骨感。

颧骨

要诀 1：化解肌肉带来的面容僵硬

　　如果包覆着颧骨的肌肉群线条非常明显，不仅展露笑容时不够甜美，不笑的时候也会显得面容僵硬。

1 用饰底乳或者粉底液将笑肌和鼻梁衔接的位置打亮，塑造膨亮饱满感。

2 用弹性海绵慢慢将粉底往上按，直至眼底被打亮，从而弱化突出的颧骨肌肉。

要诀 2：利用提亮粉上下平衡

　　针对颧骨显得很高的倒三角脸型，可以通过打亮眼底和嘴角，在光泽度上巧妙取得平衡。

1 颧骨太高，嘴角笑起来会凹、显老，这里稍微打亮一下以塑造饱满感。

2 换一把更小的化妆刷，提亮颧骨正上方眼底的位置，使颧骨看起来不会显得过于突兀。

要诀 3：使用面积大于颧骨的腮红刷润色

　　小而凸出的颧骨不能打范围更小的腮红，这样会离自然甜美的妆效越来越远。最好选择面积比颧骨部位大的腮红刷，片染润色，以红润感抵消高颧骨带来的强势感。

1 要让颧骨显得不那么高，打腮红时，范围要包覆整个颧骨，上提扫至太阳穴。

2 打完腮红后用自然色蜜粉提亮，尤其是颧骨后侧的阴影会让颧骨更高，这里要重点提亮。

鼻部

要诀 1：别忘了加高山根位置

许多人提亮鼻梁只知道从两眼中间作为起点,殊不知遗忘了决定鼻梁立体感最关键的部位——山根。山根的皮肤容易被绝大部分的面部表情牵引,直接用高光粉提亮容易脱妆,需要用不一样的方法来实现。

1 选择比底妆亮 1 个色号的饰底乳,在山根中间位置画一道竖线,画完后轻轻拍打吸收。

2 用刷毛蓬松的化妆刷取少量眉粉,从眉头轻轻往鼻梁侧面带,加强山根侧面的阴影感。

要诀 2：鼻部侧影要减半

提及鼻部侧影,大部分人的做法是将鼻梁的侧面全部打暗,甚至连鼻翼也无辜遭殃,变成"黑鼻子"!正确的做法是在鼻梁两侧画出对称的暗影即可,暗影和脸颊衔接位置需要一点留白才倍加自然。

1 用眉粉或与眉粉同色的眼影画暗影,暗影需处在鼻梁中轴线和眼头平行线之间 1/2 的位置。

2 修小鼻头时注意不要把暗影画在鼻翼上,加深鼻翼和鼻头的夹缝即可。

要诀 3：提亮额头延伸挺拔俏鼻

山根和鼻梁都做足功夫,可是鼻子仍不够挺拔怎么办? 提亮额头还能加强鼻梁延长线,这个技巧非常实用。

1 用珠光型蜜粉轻拍眉心区,这里亮 1 度,鼻子的挺拔感能增强数倍。

2 用化妆刷将蜜粉往额头的上部推,加强鼻部延长线。

腮部

要诀 1：线状腮红巧瘦脸颊

针对肉嘟嘟或者浮肿现象比较明显的腮部，不建议用大刷头的化妆刷做片染大面积腮红，而是选择小刷头腮红扫以斜线的形式"切割"腮部，从而起到瘦脸的作用。

1 用小刷头腮红扫取色从嘴角提扫至太阳穴，只画一道线。

2 更换蜜粉刷取少量粉色蜜粉，沿着腮红线晕染几次将颜色轻微晕开即可。

要诀 2：上弦月腮红提升腮部赘肉

如果脸部赘肉存在下垂现象，或者本身比较集中在下半部，腮红的范围建议不要超过鼻翼水平线。借助红润质感提升腮部的赘肉，而不要对腮部进行饱满化的处理。

1 用小刷头腮红刷在眼底后侧方画一道"上弦月弧线"，注意只要画一道线即可，不要晕开。

2 借助中号蜜粉刷将其晕开，变成朦胧的上弦月造型，以此全面提升面部赘肉。

要诀 3：左右开弓提升腮部

如果正好你的颧骨比较突出，腮部位置偏胖的话，还可以通过提亮"一个对角的两个点"，将丰腴的腮帮子问题全部解决。

1 找到颧骨左前方斜下45 度角位置，用珠光感象牙色蜜粉提亮。

2 找到处在 step1 提亮点对角线上的太阳穴位置，提亮这里，就像拉开一条弹力线，将面部整体提升。

内凹区域的彩妆要诀

　　正确地在妆容中突出内凹位置，不仅可以急速瘦脸，还能明确线条感，妆效更为洋气。但对于所有的内凹不能都保留、加强，有些内凹位置是需要以饱满为美的，这时就需要用到提亮技巧。

太阳穴

要诀 1：提亮太阳穴上方更显眉清目秀

　　润泽的太阳穴代表着好运，容光焕发的模样怎么用妆法来实现？那么一定要注意容易黯沉和凹陷的太阳穴怎么提亮。

1 先在太阳穴上方使用浅色粉底，把易黯沉的额角打亮。

2 用高光粉或者蜜粉轻点这里，带来随意光泽，塑造皮肤油润亮泽的质感。

要诀 2：眉尾越清晰，太阳穴越紧绷

　　太阳穴饱满的面部被视为最具亲和力的面孔，最忌讳杂乱的眉尾和满脸的痘痘、粉刺，严重影响运势和面部光泽。如果你的情况正好属于上述这种，那么可以准备遮瑕力超群的粉底来修饰，并追加提亮。

1 用量比较多的粉底轻拍太阳穴，遮盖痘痘及粉刺，更主要的是均匀的肤色可以突出明晰的眉尾。

2 用小号化妆刷取适量珠光白色眼影，画 ">" 包围眼尾，以突出太阳穴皮肤的紧致感。

要诀 3：选择眼白相近色突出白皙肌感

　　提亮太阳穴一般用什么颜色最巧妙？先看眼白的颜色。如果眼白偏蓝灰，可以选择银色提亮粉；偏粉白可选粉色粉体；偏黄白则推荐选米色粉体。用眼白相近色提亮，不仅会让肤色更白皙，还能点亮双眸，起到以小见大的效果。

1 选好眼白相近色后，点在眼睛 45 度角斜上方的位置。

2 用粉扑轻轻拍开，可往额头和眼尾适度带过，制造点点微光，让面容更显得光泽。

眼窝

要诀 1：已有卧蚕者用白色眼线笔提亮

　　已经拥有卧蚕的人不适合用浅色眼影晕扫下眼睑，否则会令眼睛看起来浮肿。用白色眼线笔加强卧蚕光泽感即可，记住一定要选择珠光型眼线笔，避开反光度太高的眼线笔。

1 白色眼线笔不要画在下睫毛的根部，而是应该离开一点，画在卧蚕的最高点上，加强高光。

2 眼线笔画完后可用蜜粉定妆，避免晕染的同时也防止突然加上去的白色和边缘衔接不自然。

要诀 2：卧蚕下沿先遮瑕再用金色提亮

　　许多女生都为卧蚕和下眼袋下沿的皮肤褶纹担心，因为这条纹路不仅是衰老的标记，还存在很多修饰上的难点，例如会引起很多干纹、浮肿时褶纹还会变深……

1 用小刷头化妆刷（也可以选唇刷）取少量比肤色亮一个色号粉底液，轻画在褶纹上。

2 换小号眼影刷在上面叠加一层带珠光效果的浅金色眼影，以反光微粒消除这条纹路的凹陷感。

要诀 3：眼影也可以修掉卧蚕

　　不希望在眼妆上突出卧蚕，也可以通过障眼法轻松"去掉"，只需要准备一款带珠光效果的浅咖啡色眼影就可以了。

1 找到下睫毛的后半段，先把浅咖啡色眼影扫在睫毛根部，颜色可以略重一些。

2 慢慢将咖啡色眼影往下带，遮盖卧蚕的后半段隆起位置，在视觉上卧蚕仅剩眼头的这一部分，浮肿感大大减轻了。

颊部

如果你的脸颊非常削瘦，希望能增加一点饱满感，甚至渴望拥有苹果肌，可以准备一款带有珠光效果的米色蜜粉，作为饱满肌肤的提亮粉使用。

1 轻扫鼻梁外侧的脸颊内凹处，这里饱满之后脸部的丰腴感会明显加强。

2 换小刷头取蜜粉轻扫眼尾的内凹处，紧致肌肤之余也让颧骨突兀感消失。

要诀 2：外围腮红只润色不修容

如果你的脸型已经是骄傲的 XS（加小号）小脸，位于正前方的腮红只会拉高你的年龄。不妨试一试位置靠外侧的外围腮红，还可以选择深浅两个颜色，将深色用在外侧、浅色用在前方，突出肤质的膨亮度。

1 从耳垂水平线对应的颊部位置，开始向太阳穴提扫，在脸的外围润出一道红晕。

2 再选另一个颜色较轻快的腮红，叠加在外围腮红的前方同时也往同一个方向提扫，以浅色让肌肤膨亮。

要诀 3：模糊腮红让面容更梦幻

走向越清晰、范围越集中的腮红起到的是瘦脸效果；相反的，走向越模糊、范围越扩散的腮红越能丰满颊部。了解这一规则，可以根据面部的胖瘦选择适合自己的腮红。

1 按照一般方法，将你喜欢的腮红打在适合的位置上。

2 用沾取了少量蜜粉的粉扑将腮红颜色呈放射状拍开，进一步模糊边缘。

下巴

要诀 1："留边"打底法塑造尖下巴

　　没上妆之前还有俏丽的尖下巴，为什么打完粉底液后就变成圆下巴了？粉底液把下巴"偷"走了吗！别担心，那是整体增白后下巴阴影被"夺"走的缘故，往往是用了非常白的粉底液才会导致的。

1 用色号很白的粉底时不要把下巴的边都盖满，留 1cm 以内的宽度不要遮盖，反而节省深色粉底不用再做一道阴影了。

2 不用粉底液的边缘会有一点色差，定妆时一定要利用粉扑轻拍蜜粉，衔接上去。

要诀 2：下巴脖子有色差才显瘦

　　注意不要让脖子和下巴存在色差，这句提醒可能已经落伍！脖子的颜色能比脸部暗一个色号更能突出下巴，如果你无法为脸部和脖子各准备一瓶粉底，那么在修饰脖子时可以减少粉底的厚度，达到20%~30% 遮盖的厚度即可。

1 给脸部打底后，修饰脖子不要涂一样的厚度，20%~30% 的遮盖度即可。

2 好动的脖子很容易留下卡粉的痕迹，因此一定要使用定妆蜜粉。

要诀 3：侧面显瘦的饰底方法

　　如果你希望侧面看上去瘦一些，又拒绝在腮部边缘打一道侧影，那么在打底的时候要适度留一点真实的肤色，它就是最好的侧影"素材"。

1 下巴和脖子连接处是很重要的位置，不要过分打亮这里，用粉底薄薄盖一层即可。

2 用少量深一个色号的粉底轻拍这个位置，一点点加暗，对比出俏丽的尖下巴。

适合圆脸的基本修容术

　　圆脸的烦恼不外乎赘肉和浮肿，但修饰它们并非要一味用阴影遮盖。恰到好处地收缩一部分轮廓，保留突显年轻的脸颊，能让圆脸的优点更加突出，缺点得以修饰。

没有修容的时候脸部显得浮肿。

脸型更立体但也没有盲目遮盖圆脸的优点。

▲ 阴影只打一点点，恰到好处地呈现装满幸福感的甜美圆脸。

◀ Point：暗影要避免直接打在肥胖处 ▶

　　许多人认为将胖和凸出的地方打暗就能显瘦，实际上这种做法会令皮肤看起来像受内伤一样出现几道暗影。正确的做法是将肥胖部往外延伸，与发际线或脸颊边缘交界处打暗，只有外围暗影才能在视觉上产生显瘦效果。

让圆脸拥有立体轮廓

1 给圆脸修容一定要突出棱角感，打破圆形，先在额角用深色 BB 霜修窄此处。

2 太阳穴饱满才有亲和力，不要在太阳穴使用任何深色修容品，应该从耳前鬓角处往腮腺轻带。

3 咬肌突出不仅显得脸胖还会显得松弛，这里用深色 BB 霜打暗收窄。

4 选择较亮的米白色号粉饼作为提亮粉使用。

5 提亮前额正中央位置，让视线前聚，令他人忽视额部的横向宽度。

6 提亮眼头下方的凹陷处，让高光牵引视线，不去注意面颊的赘肉。

7 提亮下巴中间位置，配合之前用 BB 霜打暗的腮腺和咬肌，突出尖下巴。

8 最后用自然色蜜粉给打暗部分定妆，并注意和提亮区域的过渡，使交界处衔接自然。

适合长脸的基本修容术

长脸拥有瘦长的比例，却容易显得中性英气，很难像 S 号小脸一般散发迷人可爱感。驾驭 XXL 帅气长脸，只需要在上庭和下庭稍做修容就可以化帅气为甜美了。

Before

脸型长而死板，显得面部肌肉僵硬。

After

阴影和高光突出后，改变成柔和健康的模样。

▲ 立体有致的脸型把长脸型"太帅气"的尴尬完美化解。

◀ Point：复杂修容不要用同一种颜色 ▶

需要多处打暗的面部，用同一种颜色不理想，因为人脸的凹处也会因为深浅呈现不同的颜色，最好根据位置选择两种以上颜色及光感。如果打暗位置靠近发际线，可以用与发色相近的眼影，打暗位置靠近腮红可以使用深色腮红。

让长脸拥有立体轮廓

1 选择深色蜜粉作为阴影粉使用，左右以太阳穴为界，轻扫前额发际线，收窄上庭位置。

2 从眼尾位置开始将阴影粉经过颧骨下方往法令纹带，收窄中庭位置。

3 解决下巴过长的位置，将刷子从下巴与脖子的连接处往上带，制造下方暗影。

4 用自然色号亚光蜜粉轻拍左右额角，吸附油光，同时借助亚光蜜粉的收暗避免额头显得突出。

5 用与发色接近的眉粉，打暗额角外侧发际线位置，将额型的左右端分别修窄。

6 用珠光白色眼影粉提亮眉心中间的鼻部山根位置，用高光提升脸部中心。

7 深色蜜粉或棕色眼影打暗下巴最下端的突出位置，进一步收窄脸型。

8 最后用同样的颜色打暗颧骨下方的肌肉。

适合方脸的基本修容术

方脸在镜头前以有棱有角的立体骨骼表现力不俗，但是过于突出的骨感也是苦恼的难点之一。局部打暗和提亮结合的方式比较适合修饰方脸，只需要微微调整，方脸可以更具时尚号召力。

骨感突出，明明很瘦却显得脸并不小。

肉感和骨感匀称有致，这是暗影和高光配合的绝妙效果。

▲ 经过修容之后的方脸耐看指数加倍，无论哪个角度都能吸引目光。

◀ **Point：骨骼过于突出者，提亮参照物作用更明显** ▶

针对面部骨骼非常突出的方形脸，不能执着于给凸出的地方打暗。先尝试用暗 1~2 个色号的眼影粉打暗，再找一个参照物提亮，面部凸出处整体平衡了，脸型就更显匀称有致了。额头、鼻梁、颧骨、下巴、腮部外角都是上方所述的参照物。

让方脸拥有立体轮廓

1 由于方脸的修容是从发际线开始的，可以选择浅咖啡色眉粉作为阴影粉使用。

2 从眼尾外侧的发际线往嘴角连接，发鬓线处略宽，往嘴角逐渐收窄，用侧影消除颧骨的明显骨感。

3 找到最突出的腮角位置，同样是往嘴角提扫，由宽到细收窄导致脸型呈方形的外角。

4 正面检视两边腮角的阴影对称程度，通过从内侧往前带收窄脸型。

5 选择白色粉饼作为提亮粉使用。

6 提亮额部中央到鼻部山根这一段区域，使视线上移，不集中于下半脸区域。

7 提亮鼻梁中段，突出面部中央骨感以平衡颧骨的突出高度。

8 提亮下巴中间位置，以达到和额头凸出处、颧骨凸出处、外角凸出处的四点平衡。

无发型遮挡脸型时采用的修容术

没有刘海和遮蔽脸型的鬓角发，很多人都不敢尝试露出整个脸型的发型。正确的修容方式可以助你修炼无畏脸型，每个角度都不怕审视和挑刺，让额头和脸颊以自信姿态露面吧！

Before

零修饰的脸型总是觉得没有安全感。

After

娇俏紧致，自信展现立体瘦颜！

▲ 经过暗影和高光的精心修饰，额头和脸颊才能紧致出镜！

◀ **Point：最简单的技巧就是加深发际线** ▶

如果你不知道如何区分脸部的凹凸区域，或者没时间慢慢修容，有一个好方法能迅速瘦脸——选择和发色一致的眼影或者眉粉打暗发际线，等同让发际线"生发"，起到明显收窄脸型的效果。

让脸型拥有立体轮廓

1 使用深色粉底前，先用化妆水搭配化妆棉清洁面部。

2 用深色粉底点在眉心上方、鼻梁两侧、下巴中央四个位置。

3 用湿润的粉底刷将四点呈放射状向外推开，颜色逐渐淡化。

4 用更深色一号色的粉底，沿着脸部发际线加深，进一步收窄脸的外廓。

5 粉扑上的粉底变少后，再稍稍打暗整个额部，注意色差不要太明显。

6 用自然色的蜜粉给整个脸部定妆。

7 用象牙白色蜜粉提亮太阳穴，这里膨亮之后，会显得额部和腮部相应收窄。

8 最后用干粉扑在发际线上按压一点深色的蜜粉或眉粉，与发色颜色一致，进一步收窄脸型。

一分钟扫除疲惫倦容的方法

忙碌的生活节奏让疲惫如影随形，如何抛却疲惫让电力瞬间满格，你需要学会一套让倦容秘密消失的修容魔法！

Before

黯沉肌肤让疲惫写在脸上。

After

腮红和高光的协作让压力脸变幸福脸！

▲ 拥有幸福红晕和好运光泽的肌肤，再无和疲惫画上等号的可能！

◀ **Point：去除疲累光红润还不够** ▶

只要重新打好腮红，疲劳就可以一扫而空？不一定，也许还会出现"意外"。疲劳黯沉加上腮红变成褐色肌，看上去更憔悴。正确的做法是先遮瑕黯沉区，接着提亮凹区，最后润色，面部的光采才会重新绽放。

▼ 一分钟扫除疲惫倦容

1 先用自然色号粉底液遮盖法令纹和泪沟，这两条纹路都会在疲累时加深。

2 自然色粉饼吸收面部多余的油光，同时给法令纹和泪沟周边定妆。

3 用同样的粉饼晕扫全脸，抚平疲劳出现的细纹和干纹。

4 疲劳时额部黯沉，可以用珠光型蜜粉或眼影提亮。

5 用同样的颜色提亮太阳穴，太阳穴明亮之后双眼随之"充满电"。

6 选择能突出红晕气色的粉色腮红，从颧骨往太阳穴提扫。

7 依旧运用 step4 使用的提亮产品，提亮眼尾下方位置，同时连接腮红与太阳穴的高光。

8 在两边脸颊用粉色蜜粉随意拍几下，塑造自然的粉嫩肤质。

Chapter 7

裸妆宣言：我是裸妆达人

少不意味着漫不经心，淡也不等于随心所欲。完美无暇的裸妆需要巧妙的智慧加以成全！遇到妆容突发问题，请信心百倍应对，而你就是裸妆达人。

让裸妆不容易脱妆

妆效完美不完美，关键考验持久力。85% 的脱妆是底妆不够贴合造成的，在底妆上怎么做才能避免妆面"提前下班"呢？

"裸妆当然好，但是妆太淡容易脱妆怎么办？"

◀ Point1: 妆前温和去角质可避免脱妆 ▶

妙招：这个方法对干性皮肤和油性皮肤最有效！

脱妆有一半原因是因为不贴妆，妆前不做保养，导致底妆隔着角质和油脂，并没有真正贴合皮肤。妆前用爽肤水借助棉片按照从中间向两边推开的方式清洁面部，油性肌肤可选择免洗洁肤水，能有效去除多余角质和油脂，更利于底妆贴合。

◀ Point2: 使用气垫型底妆 ▶

妙招：这个方法对皮肤不平坦的人最有效！

有些人的脱妆状况并非整张脸都是如此，只是在皮脂分泌旺盛和坑坑洼洼的区域发生。这个时候底妆可以更换成气垫型产品，通过弹性化妆棉扑将粉底轻压到皮肤上，加强贴合度。这样一来，妆面能比用化妆刷或者海绵上妆的要持久得多。

◀ Point3: 底妆后使用定妆喷雾 ▶

妙招：干性皮肤和大风天气最管用的方法！

干性皮肤抓水力弱，加上寒冷大风天气"无水可抓"，底妆就容易脱妆和斑驳。在还没有画眼妆和其他位置的时候，底妆（使用完蜜粉）后喷 1~2 层定妆喷雾，加强妆粉的凝合力，使妆面从粉状变成膜状，从而抵抗干冷和干燥。

◀ 追加补充 ▶

易脱妆者最好准备长效持妆型粉底液，或者选择持妆度更强的 BB 霜产品，不要去选择色牢固比较差的水性粉底液。

打造夏季持久裸妆

对汗和油无计可施，是很多人害怕夏季化妆的原因。尤其是多汗体质以及油性肌肤的人群，怎么样才能无惧汗水和油脂对妆面的破坏呢？

"夏季出汗又出油，怎么做才能持久带妆？"

◀ Point1: 妆前补充特定水分 ▶

妙招：外干内油型肌肤一定要谨记的做法！

肌肤出油亦是干燥到达极点的一种反应，皮肤自身偿还机制刺激油脂分泌以减少干燥的状况。针对这种情况必须妆前就补充好水分，选择富含微量元素的矿泉及温泉水喷雾，补水和控油一步到位，帮助肌肤实现水油平衡。

◀ Point2: 易出油位置使用控油妆前乳 ▶

妙招：适合对干热异常敏感的油性肌肤！

天气凉的时候不出油，温度升高后马上变成重度油性肌！针对这类人群，必须准备一支控油型妆前乳，涂在你观察到的油脂"出没区域"，补水后使用，控油的效果更理想。

◀ Point3: 干湿两用型粉底补水净油 ▶

妙招：适合汗油分泌量都比较大的人群

有一种粉底类型是可以补水净油同步齐驱的，那就是干湿两用型粉底液。湿用的时候，浸润粉扑的化妆水提升粉底的保湿性，推开到脸上后水分得以慢慢蒸发，从而避免对肌肤深层水分的过度透支。同时，随着时间的推移，粉底水分流失后慢慢变得干燥，又能吸收一部分的油脂。

◀ 追加补充 ▶

夜间勤补水、早间适度控油，是夏季不脱妆必须做的一项功课。

让妆容保持鲜亮

上妆后肤色很容易发黄？妆越厚皮肤感觉更蜡黄？这是氧化反应留下的记录！针对肤色偏黄的人群，避免泛黄、保持鲜亮是化妆要攻克的第一道难题。

"易氧化肤质怎么做皮肤才能妆后不发黄？"

◀ Point1: 妆前进行抗氧化针对性保养 ▶

妙招：对皮肤没化妆之前都已存在蜡黄现象的人最有效！

　　怕油腻的人可以用抗氧化型化妆水清洁皮肤，但从持久性来看，抗氧化乳霜的效果是相对持久的。较常见的抗氧化成分有茶多酚、葡萄多酚、橄榄萃取、番茄红素、虾青素、艾地苯等，此外还要看这些成分是否到达有效的浓度。

◀ Point2: 针对饰底乳选择"零黄气"色号 ▶

妙招：针对皮肤本身较白皙，妆后却出现黯黄的人群！

　　针对这种情况，不能完全根据肤色选色号，而是选择白1~2个层级的色号，能在底妆氧化后呈现刚刚好的感觉。如果你已经购买和肤色差不多的饰底乳，可以在每次使用时混合蓝色隔离乳，也能有效中和发黄现象。

◀ Point3: 妆后使用抗氧化定妆喷雾 ▶

妙招：适合既黄又黯沉的易氧化肤质。

　　如果你使用的是亚光型粉底，最好在底妆后喷一点提升肌肤光泽的定妆喷雾，这些喷雾含矿物颗粒或者智能粒子可反射光线，让肌肤重拾柔亮光泽。

◀ 追加补充 ▶

　　妆后暗哑发黄，使用不具备抗氧化功效的粉底也是诱因，因此要注意选择适合的粉底液。

打造暖光环境的裸妆

红黄色调的室内暖光总是让精心打造的妆容前功尽弃？别担心！只要做出一些调整，在室内暖光中也能绽放明亮好气色。

"暖光环境下什么样的裸妆最适合？"

◄ Point1: 针对问题位置 "修红" ►

妙招：尤其适合面部局部泛红者。

红色在暖光环境中相对突出，因此需对红血丝、敏感、炎症处加以修饰。绿色、米色、珍珠色的妆前乳或遮瑕乳都具备修红功效。另外还需要根据泛红区严重程度选择，一般情况用乳液类产品即可，严重情形需要用霜膏类产品来遮盖。

◄ Point2: 微调高光区 ►

妙招：适合油性肌肤！

暖光源会暴露脸上的油光，尤其是 T 区有痤疮问题的人，暖光会让这个区域的问题尤为突显！不要过于突出高光位置，粉底最好用白皙亚光的颜色，如果是油性皮肤还需要在高光区压一些亚光蜜粉，起到控油的效果。

◄ Point3: 运用冷色调定妆产品 ►

妙招：对肤色偏红者尤其有效！

肤色原本就偏红？除了底妆可以修饰之外，还可以在最外层使用冷色调定妆蜜粉，绿色是首选，蓝色其次，利用色彩互补原理，中和红色，呈现均匀明亮的肌肤。

◄ 追加补充 ►

不要为了调整肤色就用过厚的粉底，局部修饰、整体轻薄的上妆方式反而显得更自然。

打造户外活动的裸妆

　　强烈、偏冷色调的室外自然光是最诚实的光线，它不仅能让肌肤的缺点暴露无遗，还会让在室内看起来非常自然的妆面变成浓妆！如果出行计划安排在户外，那么就要学会重新规划你的裸妆套路。

"为了户外活动如何打造完美裸妆？"

◀ Point1: 用海绵上妆塑造自然妆效 ▶

　　妙招：对极干性肌肤非常奏效的方法！
　　先使用透气滋润的面霜，注意可以有一定厚度，便于底妆粉末随之贴合。然后用海绵轻压粉底上妆，把肤色调整均匀。注意如果你的底妆技巧并不精湛，最好不要用水性粉底液，避免推开不均匀的地方露馅。

◀ Point2: 针对易脱妆位置扑雾面干粉 ▶

妙招：油性皮肤必须牢记的秘诀！
　　马上就要到户外去了，千万不要在脸上使用任何发光蜜粉，它们会让脸上有冒油的现象。此时雾面妆感的干粉就显得更为实用了，扑在容易出油的位置，例如鼻头、额头、下巴等，让雾面肌肤无惧自然光线的考验。

◀ Point3: 避免"脸红"的外围润色 ▶

妙招：户外妆容驾驭腮红的必胜要诀！
　　户外活动后脸部毛细血管充血变红，导致本身恰到好处的腮红惨变大红脸！撤销尴尬的方法是打腮红时不要集中在易充血的脸颊中央，应从从颧骨外侧向发际线推开，只给颊部的外围润色。这样既能确保面色红润，还能在活动脸红后避免大红脸。

◀ 追加补充 ▶

　　户外光线非常诚实，所以无论是底妆还是彩妆，粉质颗粒都要求最细致。

打造求职场合的裸妆

完美精致的裸妆绝对是拿下职位通行证的秘密武器，在面试官严苛的审视面前，你是否已经做好准备？

"面试官眼中的得体裸妆究竟是什么样子？"

◄ Point1: 亚光底妆更显慎重 ►

妙招：这个妙招最适合应征管理型岗位的人员。

韩式水光妆面固然会看起来比较年轻，但亚光雾面的底妆更适合营造专业人士的形象。另外，面试场地的光线都比较明亮，建议不要太强调高光或者使用有明显光感粒子的底妆产品。

◄ Point2: 可以没有眼影但不能没有眼线 ►

妙招：适合两眼无神或有疲惫感的求职者使用！

在眼影的帮助下确实能让双眼放大数倍，但经过长时间面试等待，你的眼影可能已经糊成一团。用黑色防水型眼线液笔最妥当，一条到位眼线，以黑色放大双眼，即使不用眼影也能让眼睛倍感明亮。

◄ Point3: 恰到好处的上扬睫毛 ►

妙招：对职场新鲜人而言最有用处的妙招！

应届毕业生拥有朝气的面容和开朗的个性，没有必要故作成熟掩盖这些优点，反而需要在裸妆上加以突出。眼线之后用睫毛膏刷出根根分明的睫毛，省略眼影，显得明朗活泼之余还不会显得圆滑老练。

◄ 追加补充 ►

求职裸妆的要点是修饰缺点、突出优点，每个部位的用色都不宜过于大胆。

不会造成肌肤负担的补妆妙招

裸妆补妆容易越补妆越厚，怎么做才能保持清新妆感，又能挽回脱落的美感呢？

"怎么做才能只补妆不补肌肤负担？"

◀ Point1: 补水先行，补妆无忧 ▶

妙招：适合脱妆现象非常严重者。

长时间带妆肌肤已经非常干燥和脆弱，补妆不能"干上加干"。无论你要补哪个位置，先给脸部喷一点补湿喷雾，舒缓干燥的同时加强底妆的润泽感，便于补妆后不至于粉感过重。

◀ Point2: 出油区重点补妆 ▶

妙招：干性和极干性肤质必备补妆要点。

补妆不要整张脸"全盘颠覆"，针对出油位置追加一点干粉即可。补妆时脸部可能已经非常干燥，角质层的水分非常少，所以尽量用带有湿润感的海绵粉扑补妆，选择干湿两用粉底产品。

◀ Point3: 补妆也补亮度 ▶

妙招：妆后黯沉靠提亮来弥补

妆后黯沉是补妆时必须注意修正的问题，因此补完粉底后最好用紫色蜜粉针对黯沉位置提亮，例如额头、下巴、太阳穴、眼底……添加细致光泽让肤质重新恢复亮泽。注意补亮度的时候不要触及油光区，例如鼻部及两颊靠近鼻梁的区域，这些区域仍旧是亚光比较妥当。

◀ 追加补充 ▶

补妆不仅只针对脱妆区，对于出油区也要妥善处理，出油区容易越补越厚，必须遵循轻薄原则。

眼妆晕染的处理妙招

　　睫毛膏造成的熊猫眼，眼线导致的"黑色双眼皮"，眼影形成的"黑眼圈"……针对眼妆晕染现象，怎么补才能让眼妆悄悄回到完美峰值？

"眼妆晕染真的要全部重新画吗？"

◀ Point1: 棉棒 + 乳液 = 最佳改妆搭档 ▶

妙招：最小成本，最高效率！

　　眼线、睫毛、眼影都是细部位置，用棉片来卸改反而不够方便。利用棉棒则省时省力多了，圆头棉棒可卸改眼影，尖头棉棒是卸改眼线和睫毛根部结块睫毛膏的利器，只要取少量乳液，改妆既方便又快捷。

◀ Point2: 干湿两头巧去脏污 ▶

妙招：即使防水眼妆也能用这个方法去掉！

　　一支棉棒分成两头，一头浸润乳液轻擦晕染的位置，先融化脏污，另一头保持干燥摩擦力，只要轻轻带过湿润的位置就能快速去除！这个方法同样适合卸除黑色防水眼线膏。

◀ Point3: 海绵按压补妆避免斑驳 ▶

妙招：针对卸完妆湿漉漉的皮肤，这样补粉才均匀。

　　用过乳液或者其他卸妆产品的皮肤带有水份和油份，用化妆刷扫粉或者粉扑扑粉，都不能避免粉末结块。用比较有弹性的海绵推开再按压，就能解决结块和不均匀的问题。

◀ 追加补充 ▶

　　用干性亚光粉末定妆才能确保眼妆不出现二次晕染。

安全健康的长时间带妆

出油、敏感、爆痘……这些都是长时间带妆才出现的问题。如果美美的彩妆必须陪你朝九晚五，那么怎么化才能避免皮肤出现若干问题呢？

"长时间带妆怎么做才安全？"

◀ Point1: 妆前必须经过彻底清洁 ▶

妙招：如果你很少去除角质，这样做就对了！

好的底妆不会构成皮肤问题，但妆前未清洁彻底的角质和皮脂却会成为始作俑者。化妆前最好用棉片用爽肤水清洁皮肤，2~3张棉片的清洁强度，确保无油、无堆积角质，还能避免频繁化妆滋生粉刺。

◀ Point2: 妆前隔离有助卸洗 ▶

妙招：希望卸妆又快又彻底的话最好准备隔离产品！

隔离乳或妆前乳等于在裸肌上加一层保护膜，遇水乳化后更便于底妆的卸洗。如果你的皮肤耐受性很强并且不敏感，可以选择有色隔离或妆前乳；如果皮肤耐受性差且易敏感，最好选择无色妆前乳。

◀ Point3: 选择育肤型粉底液 ▶

妙招：适合有美白、保湿、抗衰老需求的人群！

目前已经出现具有护肤效果的粉底液，润色之余还能同步保养，对于传统"妆而不养"的粉底产品而言确实更加体贴入微。

◀ 追加补充 ▶

对于早晨化妆，深夜才能卸妆的繁忙族群，安全性至关重要，建议考虑医学美妆品牌推出的底妆产品。

卸妆确保干净无残留

不好好卸妆，痘痘和敏感都会在明天等着你。以油卸油完成第一重保护，局部卸除达成第二重清洁目标，第三重保护必须全脸水洗，按部就班，肌肤就能剔透细致，卸妆无虑。

"卸妆怎么做才能安全无忧？"

◄ Point1: 以油卸油确保彻底 ►

妙招：最快的卸洗速度才能保护皮肤。

卸妆水卸不干净，多试几次就好？这种想法绝对错误！频繁擦卸对皮肤造成的摩擦伤害大于油性残留的隐患，只要卸妆油品质合格、乳化彻底，不存在任何问题。卸妆油融妆卸妆的速度是值得信赖的。

◄ Point2: 敏感位置不宜揉卸 ►

妙招：眼唇都是不能揉卸的位置！

眼唇位置的防水彩妆不能用手或卸妆棉野蛮擦卸，建议用浸润卸妆产品的棉棒和化妆棉敷一会，再轻柔擦除。敏感位置最好用专用卸妆品，柔滑的胶状和油状卸妆品比水状要理想。

◄ Point3: 彻底水洗瓦解隐患 ►

妙招：敏弱肌肤"自保"必经步骤！

对敏弱肤质而言，无论卸妆品是否免洗，最好都要用流动水彻底冲洗。自来水中的漂白粉和重金属也会刺激皮肤，因此洁面后最好能马上使用弱酸性或中性爽肤水保湿。

◄ 追加补充 ►

无论卸妆品如何强调它的温和性，卸妆时间都不要太长，停留在脸上的时间最好不要超过五分钟。

Chapter 8

裸妆宣言：空气感妆容搭配实例

别再围困于毫无生机的寡淡素色，也别贪心浓墨重彩的叠加堆砌！会呼吸的空气感才是裸妆的代名词。掌控配色法则，让色彩和平共处，用轻妆电眼为空气感妆容加分助阵！

明朗的日常裸妆

　　打造适合每天出门的日常妆面不必贪心太多色彩，只要用眼线加强眼型并且用单色眼影点缀眼尾，同样可以绽放活力与朝气。

Before

Zoom in 眼部

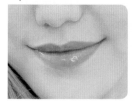

Zoom in 唇部

要点1：清晰流畅的黑色眼线

要点2：金属调橘色眼尾

要点3：粉奶色朝气双唇

　　一款只要把握眼线、眼影、双唇就能实现的精致裸妆。通过恰到好处的彩度展现肌肤质感和本真朝气的气质。

打造平滑自然的流畅效果

1 选择笔触尖细的眼线液笔，从眼裂内侧位置开始画内眼线。

2 画至瞳孔正上方时加粗1~2mm 的宽度，使瞳孔显得圆而明亮。

3 将上眼线顺势延长4~5mm，并确保末端流畅细致。

4 取带珠光效果的米色眼影，作为提亮瞳孔的颜色使用。

5 轻扫在眼珠凸起的位置并向左右自然过渡。

6 选择金属调的橘色眼影为眼尾的点缀色。

7 从瞳孔正上方的眼线根部位置向后加宽并延长。

8 选择使睫毛根根分明的黑色睫毛膏将睫毛刷翘。

9 刷头竖拿，只刷下睫毛的尖梢位置加长下睫毛。

10 选择粉奶色唇膏依照原始唇形勾勒，稍微将下唇画丰满。

11 用水蜜桃色唇彩重点加强下唇饱满度。

12 选择粉色腮红以大面积提扫方式从颧骨扫至太阳穴。

甜美的粉色裸妆

　　展现可爱一面没有年龄限制，关键点在于你是如何展现自己的可爱之处的。精致到位的眼线和把握精准的粉色都能让你可爱自信，有品不乏味。

要点1： 可爱萌感的下垂眼线

要点2： 恰到好处的粉色眼尾

要点3： 眼头心机提亮

Before

Zoom in 眼部

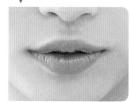

Zoom in 唇部

　　要打造可爱感的妆面，不能粉色的运用面积最大化，通过对眼线的把握和粉色的调度，从细节达成可爱的定义。

打造平滑自然的流畅效果

1 眼线先画出眼尾的下垂感，上眼线略加粗突出眼神。

2 选择珠光粉色作为消除黯沉眼窝的底色使用。

3 晕扫整个眼窝并且在眼球凸起的位置重点提亮。

4 轻点一点暗紫色作为强调眼凹的深色使用。

5 从上眼线末端往回勾，加强眼尾的凹陷。

6 换更小的刷头取珠光黑色作为加强眼线的颜色使用。

7 从瞳孔正上方的位置开始向后推开，叠在眼线上方。

8 同样的方法叠加到下眼线的后半段，和上眼线平衡。

9 小刷头眼影刷取珠光米色作为加强眼头的提亮色使用。

10 眼睛闭起来，在眼裂上方画一小道弧线。

11 从眼裂下方画至瞳孔正下方，有效提亮眼神。

12 最后使用黑色睫毛膏将每根睫毛按扇形刷好即可。

性感的仿混血儿裸妆

混血儿凭借其深邃的眼眸俨然是时尚圈最炙手可热的面孔。眼睛完全无凹感也不怕，通过深浅四色眼影的配合同样可以"仿造"出混血儿般充满魅力的性感裸妆。

要点 1：回勾式眼影

要点 2：高亮立体眉骨

要点 3：饱满的裸色双唇

Before

Zoom in 眼部

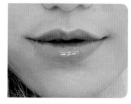

Zoom in 唇部

富有层次感的双眸不需以浮夸吸引他人眼光，四色眼影配合展现魔力打造如星空般神秘双眸。

打造平滑自然的流畅效果

1 选择白色眼影作为消除眼窝黯沉的打底色。

2 以轻薄的厚度晕扫在整个眼窝并且重点提亮眼球凸起位置。

3 选择棕色作为眼线叠加色，强化眼线宽度。

4 叠加在上睫毛的眼线上，并加宽 4~6mm 的宽度。

5 选择巧克力色作为加深眼凹的深色使用。

6 从瞳孔正上方的位置开始先扫眼尾，再回勾至眉骨下方。

7 选择金棕色作为提亮瞳孔的浅色使用。

8 叠扫在眼球凸起的位置，注意不要与之前的棕色和巧克力色重叠。

9 换一支刷头扁平的眼影刷，取白色给眉骨提亮。

10 从眉毛下方中点的位置开始扫至眼尾，提亮眉骨。

11 选择黑色眼线液笔从眼裂开始画逐渐加宽的眼线。

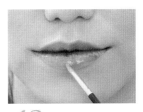

12 用粉色唇彩在双唇上匀扫，打造自然晶透的效果。

灵动的约会裸妆

别让约会的他分心，那么就为自己准备一款能时刻抓住他眼光的灵动妆容。突出爱笑的眼睛和裸色的粉唇，一切心机通过眼妆就能帮你实现。

Before

Zoom in 眼部

Zoom in 唇部

要点1： 令人心动的浅紫色眼尾

要点2： 仿佛带着泪感的高光眼头

要点3： 甜美裸色粉唇

粉色与紫色是书写美好恋曲的绝色搭档，在妆面呈现两者的优点最能直达他的心房。

打造平滑自然的流畅效果

1 圆眼妆适合约会使用，先使用加粗眼线把眼睛画圆。

2 选择粉紫色作为消除眼窝黯沉的浅色使用。

3 扫在眼窝中有黯沉出现的位置并重点提亮眼球凸起处。

4 选择紫色作为突出约会主题的重点色。

5 将眼窝横向分为4份，紫色用在眼尾处并注意过渡自然。

6 眼头也用紫色修饰一下，彩度把握在适当的比例即可。

7 用小号扁头眼影刷取珠光深紫色作为眼线加强色使用。

8 叠扫在上眼线上，加强层次感。

9 用最小的扁头眼影刷取白色作为眼头提亮色。

10 睁开眼睛，从眼裂上画一道弧线，不要超过双眼皮褶。

11 眼裂下方的睫毛根部也要提亮。

12 选择亚光深粉色的修饰双唇，以低亮度确保优雅。

恬淡的女神裸妆

文艺不意味着素到极致，通过平和的绿色同样可以传达出质感和从容。通过裸妆概念的梳理，绿色一样可以创造不同以往的显色体验。

Before

Zoom in 眼部

Zoom in 唇部

干净明亮的绿色映照出同样气质的面庞，橙色唇彩让整体妆效更趋于自信大气，变身文艺女神。

要点1： 微光绿色眼眸

要点2： 清晰上扬的睫毛

要点3： 裸橙色双唇

打造平滑自然的流畅效果

1 先画一条基础眼线，中后段适度加宽以突出眼部神采。

2 加强眼尾的上翘度，注意不要过度延长。

3 选择珠光白色作为瞳孔上方的提亮色使用。

4 扫在眼球凸起处并稍稍向眼头上方带过。

5 选择浅绿色用来消除眼皮泛红。

6 以眼球凸起处为中间点，呈三角形晕扫并向两边过渡。

7 选择较深的绿色作为强调眼凹的深色使用。

8 叠扫在眼线根部并且在眼尾重点加宽，强调眼尾凹度。

9 选择金色作为下眼影的阴影色使用。

10 紧贴睫毛根部从眼尾往瞳孔下方晕扫，眼头位置留白。

11 用睫毛膏将睫毛刷翘，眼尾需多次刷出浓密感。

12 注意下睫毛只刷尖端即可，确保根部不晕染。

亲和的电力女孩裸妆

　　睫毛虽小但是却蕴含诸多彩妆门道。眼线和眼影虽然看上去和睫毛毫不相关，但只要做好细节也能显得睫毛卷翘丰盈。你懂得在裸妆上突出睫毛的技巧和方法吗？

Before

Zoom in 眼部

Zoom in 唇部

不需要高亮度的彩妆品，实现不戴假睫毛依旧动人的美睫魔法！

要点1： 突出眼尾的后移眼影

要点2： 明暗眼线

要点3： 双层睫毛涂法

打造平滑自然的流畅效果

1 用黑色眼线液笔画出基本上眼线，中段稍加宽。

2 眼线末梢延长约1cm长度，作为睫毛的延展线。

3 选择深粉色作为眼妆的底色，让肤质变年轻。

4 扫在眼球凸起处并稍微向眼头晕开。

5 选择咖啡色作为强调眼凹的深色使用。

6 从眼线末端开始向眉骨下方提扫，画出眼凹。

7 紧贴眼线从末梢将咖啡色往前带，叠加在眼线之上。

8 选择白色纤维型睫毛膏先将睫毛丰盈增量。

9 换黑色睫毛膏再刷几次，遮盖白色纤维，实现睫毛翘密效果。

10 小面积接触下睫毛的末端，使其延长，根根分明。

11 选择棕色眼线笔画下眼线后半段，从后往前带，至瞳孔正下方停止。

12 白色眼线笔提亮下眼线前半段，到瞳孔正下方停止。

每个女人都该拥有的围巾造型书！

《爱上围巾系四季》

24 围巾系法，**25** 款围巾搭配，**31** 种围巾装饰技巧。

驾驭美瞳不仅仅是选购！

《爱上美瞳变美神》

8 类不同眼形如何挑选？ **8** 类配合美瞳的吸睛眼妆！

9 种气质与美瞳完美结合！ **9** 种场合美瞳为你装扮加分！

不起眼的日常果蔬发挥神奇护肤功效！

《8 种果蔬打造百变面膜》

8 种最健康纯天然果蔬，**23** 位资深美容达人亲身试用，精选 **80** 个最有效的果蔬面膜配方！

一本教你更会拍照、拍出更出彩的完美教科书！

《美丽随身拍：就是爱拍照》

从数码微单到自拍神器，无论镜头怎么闪，每一张照片都光彩动人。